The Brain and Pain
Breakthroughs in Neuroscience

脑组织与疼痛
神经科学的突破

原著 ［美］Richard Ambron
绘图 ［美］Ahmet Sinav
主译 黄宇光 马 超

中国科学技术出版社
·北 京·

图书在版编目（CIP）数据

脑组织与疼痛：神经科学的突破 /（美）理查德·安布罗（Richard Ambron）原著；黄宇光，马超主译. —北京：中国科学技术出版社，2023.8

书名原文：The Brain and Pain: Breakthroughs in Neuroscience

ISBN 978−7−5236−0225−6

Ⅰ. ①脑⋯ Ⅱ. ①理⋯ ②黄⋯ ③马⋯ Ⅲ. ①神经科学 Ⅳ. ① Q189

中国国家版本馆 CIP 数据核字（2023）第 075382 号

著作权合同登记号：01−2022−6439

THE BRAIN AND PAIN: Breakthroughs in Neuroscience
by Richard Ambron
Copyright ©2022 Columbia University Press
Chinese Simplified translation copyright © (2023)
by China Science and Technology Press Co., Ltd.
Published by arrangement with Columbia University Press
through Bardon-Chinese Media Agency
博达著作权代理有限公司
ALL RIGHTS RESERVED

策划编辑	延 锦 孙 超
责任编辑	延 锦
文字编辑	张 龙
装帧设计	华图文轩
责任印制	李晓霖

出　　版	中国科学技术出版社
发　　行	中国科学技术出版社有限公司发行部
地　　址	北京市海淀区中关村南大街 16 号
邮　　编	100081
发行电话	010−62173865
传　　真	010−62173081
网　　址	http://www.cspbooks.com.cn

开　　本	880mm×1230mm　1/32
字　　数	131 千字
印　　张	9
版　　次	2023 年 8 月第 1 版
印　　次	2023 年 8 月第 1 次印刷
印　　刷	北京盛通印刷股份有限公司
书　　号	ISBN 978−7−5236−0225−6/Q・249
定　　价	218.00 元

（凡购买本社图书，如有缺页、倒页、脱页者，本社发行部负责调换）

译校者名单

主　译　黄宇光　马　超
副主译　申　乐　王　涛　李　旭
译　者（以姓氏笔画为序）
　　　　　于　宁　王　涛　王嫣冰石　尹湘莎
　　　　　申　乐　朱阿芳　许　力　许广艳
　　　　　孙　琛　牟婉滢　苏　思　李　旭
　　　　　李默晗　张翰林　周　康　闻　蓓
　　　　　唐佳丽　唐珂韵　崔　欢　裴丽坚

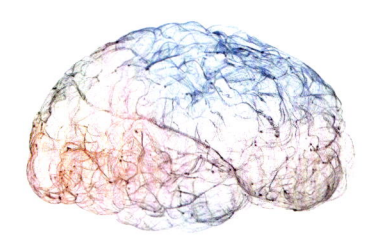

内容提要

本书引进自哥伦比亚大学出版社,是一部全面介绍脑组织与疼痛的经典指导用书。本书分为两篇,共13章。上篇介绍了疼痛通路的分子机制,包括神经系统的组成,疼痛的知觉和归因,疼痛的分子神经生物学,疼痛的适应、来源和分子信号;下篇介绍了大脑回路对疼痛的调节,包括疼痛的外周调节、缓解疼痛的药理学方法、大脑认知对疼痛的调节、神经矩阵的概念,以及疼痛治疗的现状等内容。本书内容先进,科学实用,指导性强,既可作为刚入门疼痛科医师的指导用书,又可作为中高级疼痛科、麻醉科医师及从事药物研发人员的参考用书。

主译简介

黄宇光，北京协和医学院麻醉学系主任，北京协和医院教育委员会主任委员，国家麻醉专业质控中心主任，中国医师培训学院麻醉专业委员会主任委员，世界麻醉医师学会联盟（WFSA）常务理事，爱尔兰麻醉医师学院荣誉院士。

马超，医学博士，教授，北京协和医学院教务处处长，中国医学科学院基础医学研究所人体解剖与组织胚胎学系主任，国家发育和功能人脑组织资源库主任。

译者前言

1979 年，国际疼痛研究学会（International Association for the Study of Pain，IASP）首次将疼痛定义为一种与组织损伤或潜在组织损伤（或描述类似损伤）相关的、不愉快的主观感觉和情感体验。2016 年，IASP 将疼痛的定义修订为一种与组织损伤或潜在组织损伤相关的感觉、情感、认知和社会维度的痛苦体验。2020 年，IASP 再次将疼痛的定义修订为一种与实际或潜在组织损伤相关的、不愉快的感觉和情绪情感体验，或者用与此相似的经历来描述。IASP 对疼痛定义的不断修订也反映了我们对疼痛认知的不断更新。3个版本的疼痛定义反映了我们对疼痛还存在很多未知。

无论其原因如何，疼痛始终是困扰人类的难题。到目前为止，对于疼痛的治疗我们仍然没有找到更完美的处理方案。传统的阿片类镇痛药在疼痛治疗领域中已不再占据统治地位，取而代之的是百花齐放、相互协同的多模式镇痛方案，但个体化的多模式镇痛方案又对医务人员提出了新的挑战。此外，我们仍然没有能够客观、连续、量化地反映疼痛程度和性质的方法。在可穿戴设备不断发展的今天，基于生理反应和生命体征的间接疼痛量化方法在逐渐被研发应用，但对严重急性疼痛的预判和快速反馈仍是亟待解决的问题。

有关疼痛的这些难题，归根结底是我们对疼痛的机制还有待探索。在历经了闸门学说、神经通路、突触功能、受体学说、信号通路、神经免疫等多个领域的探索，我们已经对疼痛的机制有了诸多里程碑式的进步。正如原著者所讲，随着脑科学的不断发展，人类对世界的认知主要基于我们的大脑如何解读各类感官收集的信息。大脑会通过整合视觉、听觉、嗅觉、触觉、痛觉，以及其他细微的感知觉信息，为人类塑造一个真实的世界。

因此，在脑科学的框架下研究并解读疼痛，可以让我们认识更为真实的疼痛，从而真正实现与疼痛和谐相处。

原书前言

当我们被要求选择最复杂的感觉时,大多数人会选择视觉、听觉,甚至嗅觉。这是不正确的,因为我们最近了解到,截至目前,疼痛是所有感觉中最复杂的。它与临床的相关性最大,并且对生存最为重要。本书的目的是描述我们对疼痛理解的最新进展,并解释如何应用它们,去寻求管理疼痛的新方法。

让我们思考这样一个事实,即我们对世界的看法,取决于大脑对来自我们感官的信息解释得有多准确。从本质上讲,大脑通过整合来自视觉、嗅觉、听觉、触觉、疼痛和其他更微妙的感觉系统信息,创建了我们周围环境的三维概念。这些信息被传递到大脑的高级中枢,在那里形成反应,并向肌肉发送命令,我们希望这种反应是恰到好处的。所有这一切在我们清醒时的每一毫秒内都会发生,这是相当了不起的。然而,不是每种感觉都是必不可少的,在没有视觉、听觉或嗅觉的情况下,我们是可以生存的,虽然麻木感或其他触觉障碍比较恼人，但是可以忍受的。疼痛是生命所必需的一种感觉，因为它向大脑传递伤害正在发生的警报，从而引发保护伤口免受额外伤害的反应。疼痛还具有教育意义，因为它通常在我们很小的时候就教会我们应该避免什么，所以疼痛系统先天有缺陷的人不能存活很久。疼痛虽然具有保护性，但可能是沉重的，在现代，疼痛被视为一种对我们生活不必要的干扰，应该避免。很多人以疼痛为主诉而就诊，许多医院现在都有专门用于疼痛管理的科室。幸运的是，轻微割伤、烧伤或擦伤引起的疼痛通常在一天内就会减轻，可以通过非处方药来缓解。当疼痛持续时间延长时，就会成为一个问题。例如，术后疼痛是一个问题，因为它会使人丧失工作能力，并且会持续几天甚至更长时间。即使是术后疼痛，也可以用强大的镇痛药来控制，尽管镇痛药存在不良反应。当患者遭受持续几个月甚至几年的慢性疼痛时，这比不良反应严重得多。这种慢性疼痛被认为是病理性的，因为它没有任何益处，还严重降低了患者的生活质量。正如你能想象到的，患有慢性疼痛的人很难集中注意力，并且经常遭受焦虑、恐惧和抑郁的痛苦。持续不断的痛苦也会破坏家庭关系,生产力的丧失会带来负面的经济影响。据估计,美国每时每刻都有3000万人遭受慢性疼痛,对于大多数人来说,除了阿片类药物外别无选择。此外,因阿片类药物具有成瘾性,进而导致了药物滥用。2017年的数据显示,7万人死于过量的阿片类镇痛药。不管以何种标准来看,这都是一场令人震惊的惨痛悲剧,只有通过了解造成痛苦的机制才能补救。

神经科学的最新进展为疼痛的神经生物学基础提供了许多新的见解,我们现在认识到疼痛并不是某种神秘疾病。事实上,对损伤(无论是外伤还是炎症)的反应,都是由明确定义的、固定的神经通路介导的,我们将用几章来讨论这些通路的分子、细胞和神经解剖学组成部分。这些信息为"慢性疼痛是由功能失调的蛋白质引起的"这种主流观点提供了基本背景。因此,制药业的目标是开发能够攻击这些分子并缓解疼痛的药物。这种药理学方法有其优点,但也有几个障碍,主要是神经系统极其复杂,并且这些蛋白质中有许多在其他系统中也具有功能,因此干扰它们在一个系统中的作用总会在另一个系统产生不良反应。

本书介绍了看待疼痛的不同视角。首先简述了以靶标为基础的药理学方法，并讨论了负责将病变相关信息传递到大脑中心的路径。这项研究需要一些神经科学的知识，因此我们将用几章来介绍神经解剖学，以及细胞和分子神经生物学。不要惊慌，尽管有数以千计的文献对相关研究进行描述，但我们的目标是在每章提供足够的信息，以便读者能够理解基本过程和问题。为了使理解过程变得更加容易，我们通过图表和插图对书中的信息进行了加强。其次，阐述了我们认为与理解疼痛最初反应最相关的分子和事件。

了解有关损伤的信息是如何传递到大脑的，需要数十年的研究，但我们现在知道，这只是其中相对较小的一部分。当大脑接收到这些信息时，疼痛的复杂性就已经出现了，因为疼痛的感受程度是高度主观的，并受到过去的经验、现在的环境、信念和各种其他因素的影响。截至目前，我们还不知道这些因素是如何调节疼痛的。但实时成像技术的进步使这一切都改变了，因为临床医生和神经科学家能够可视化疼痛患者的大脑活动。这些图像显示，疼痛的强度与离散的神经元簇或组的活动相关，这些神经元可以被映射为我们称之为疼痛矩阵中的模块。值得注意的是，这些研究表明,所有的疼痛都来自这些模块之间的相互作用,包括因亲人去世而产生的痛苦。因此,身体创伤和心理创伤会在大脑中共享回路。这些发现极大地改变了我们对疼痛的理解,因此我们将讨论它们如何促进疼痛管理的新方法。

新的治疗方法当然是受欢迎的,因为当代西医在治疗疼痛,特别是慢性疼痛方面并不是很成功。事实上,我们认为成功的镇痛药,只是对阿片等几个世纪以来一直用于镇痛的制剂进行了提炼。我们将在本书中讨论阿片如何缓解疼痛,并描述大麻在镇痛特性方面有前途的新进展。然而,许多形式的替代医学已经出现。例如,各种令人眼花缭乱的通俗文学作品,有些作品中声称找到了缓解疼痛的新方法,从中草药混合物到纠正体内错位或冲突的力量,这些疗法中的绝大多数都缺乏科学依据。出于这一原因,这些疗法在很大程度上被大多数医生摒弃。当然,不同的从业者随后通过引用大量赞颂他们成功的宣传语来反驳这种言论。即使是销售"神奇"灵丹妙药(如蛇油)的推销员也可以令人信服地说,他们的一些客户减轻了痛苦。事实上,尽管这些替代方法有许多都没有实际的治疗益处，但也会有一定的改善效果，因为有一种被称为安慰剂效应的迷人现象，即如果患者相信治疗是有效的，他们的痛苦就会减轻。我们现在已经了解了这种效应在大脑中的作用基础，这将对管理疼痛产生重大影响。

随着冥想的引入，东方社会采取了一种不同的方式来控制疼痛，其实践者几千年来一直声称，"训练意念可以减轻疼痛"。这些说法遭到了广泛怀疑，因为他们援引了神秘能量或力量的存在，而这些能量或力量的存在无法通过实验来证实。我们现在可以说，这种怀疑已经不再合理，因为最近的研究表明，冥想在神经科学中有坚实的基础，练习者自主调节疼痛的能力为治疗慢性疼痛的药物提供了一种重要的替代方案。这些可能性将在本书最后几章进行讨论。

命名法

在理论上，大多数科学都是用文字表达的事实，所以文字的意义是非常重要的。因此，我们必须意识到一些在普通情况下使用的词汇在讨论疼痛时有更深层次的含义。例如，疼痛本身是一个定义取决于视角的术语。国际疼痛研究协会（International Association for the Study of Pain，IASP）将疼痛定义为"一种与实际或潜在的组织损伤相关的、不愉快的感觉和情绪情感体验，或者用与此相似的经历来描述"。虽然这个定义是正确的，但还不够充分，因为它省略了疼痛的属性，这些属性对于理解疼痛的起源非常重要。例如，疼痛的强度（从仅仅令人不快到无法忍受）和性质（锐痛、钝痛和灼痛）各不相同。此外，疼痛作为对伤害的反应提供了对伤害的感知，但根据大脑中专用回路的活动，疼痛变得"痛苦"。除非我们能解释这些特性是如何在神经系统的活动中产生的，否则我们便无法理解疼痛。

感觉（sense）通常是指对刺激的意识（awareness），无论是触摸、瘙痒等。然而，从科学的角度来看，感觉是对特定类型刺激的感知（perception），这种刺激来自大脑中的特定回路，且与意识密不可分。这种关系对疼痛有重要的影响，因此我们将详细讨论这一点。同样，伤害（injury）被理解为造成疼痛事件的后果，这类事件被认为是有害的。同义词包括"lesion"和"insult"。损伤也包括身体损伤，如皮肤割伤、肌肉或韧带撕裂。但众所周知，即使没有明显的物理组织损伤，疼痛也会存在，最极端的例子是悲伤引起的疼痛。某些类型的炎症也可以引起没有明显来源的疼痛。

我们还必须谨慎使用术语"慢性疼痛"，这一定义因个人观点和医学领域而异。就我们的目的而言，慢性疼痛的定义为：疼痛持续 3 个月以上，并且与组成疼痛通路神经元中的基因表达变化有关。随着对神经系统的进一步了解，我们将逐步完善这一定义。

所有的科学都会"创造"一种词汇，使从业者能够进行交流，但对于专业领域以外的人士来说，可能无法理解这些词汇。这使得写一部关于疼痛的著作变得非常复杂，因为要想充分涵盖这一主题，需要涉及广泛的术语，不仅包括传统的人体解剖学，还包括神经解剖学、细胞和分子神经生物学，以及生物化学。每个学科都有自己的词汇，我们无法避免使用大多数读者不熟悉的术语。当讨论所有对疼痛有重要贡献的蛋白质、多肽和其他药物时，这一问题就变得尤为突出。更糟糕的是，命名法令人困惑，因为在许多情况下，这些化合物是在被发现时命名的，但经了解后，科学家发现它们的功能与命名截然不同。为了避免让读者感到困惑，我们将只讨论那些疼痛重要媒介的分子，或者镇痛药物开发的潜在目标分子。我们只是希望大家知道这些分子的存在，而不一定要记住它们的名字，就可以理解有害事件是如何引起疼痛的。

使用缩略语是科学期刊常用的减少篇幅的方法。例如，三磷酸腺苷（adenosine triphosphate）通常被称为ATP。然而，缩略语可能会令人困惑，因为它们经常会迫使读者回头去查找其意思。为此，我们在使用缩略语时，若术语被一页或多页分隔，我们会再次重复其全称。

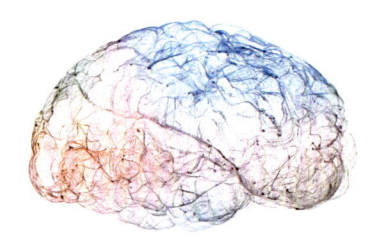

致　谢

首先，我真诚地感谢我的好友兼同事 Michael Sivitz 博士。他审阅了本书的早期版本，并提出了许多建议和见解，使本书更具可读性。其次，我要感谢哥伦比亚大学的神经解剖学开拓者 Charles Noback 教授。他引导我坚持初心，帮助我理解了人类神经系统的复杂性。再次，我要感谢哥伦比亚大学出版社的 Miranda Martin 女士及其团队，没有他们的支持和鼓励，本书是不可能顺利出版的。最后，我必须对我教导的有才华和好奇心的学生表达感激之情，正是他们探索性的问题加深了我对人体解剖学的理解。

目 录

上篇 基本疼痛通路的分子机制：决定强度及疼痛的持续时间

第1章 疼痛：神经系统的一种特性 ········· 3

一、疼痛的有益性、必要性和适应性 ········· 3
二、感觉和自我的概念 ········· 6
三、神经元，原始的神经网络，反射 ········· 8

第2章 人类神经系统的组成：从神经到神经元 ··· 12

一、周围神经和皮节 ········· 12
二、从中枢神经系统传入及传出的信息流 ········· 17
三、显微神经解剖学：疼痛的神经基础 ········· 19
四、伤害感受神经元和基本痛觉传导通路 ········· 25

第3章 疼痛：知觉和归因 ········· 30

一、脑的解剖 ········· 31

二、知觉：丘脑 ………………………………… 33

三、归因：感觉皮质 …………………………… 36

四、躯体感觉系统 ……………………………… 38

五、针刺模型 …………………………………… 39

六、头部口面部区域的神经支配………………… 41

第4章 疼痛的分子神经生物学 …………… 47

一、受体与通道：损伤部位的急性疼痛………… 48

二、对针刺模型的回顾 ………………………… 54

三、动作电位与疼痛的强度 …………………… 56

四、突触和损伤反应 …………………………… 60

五、钠离子通道 ………………………………… 64

第5章 适应 …………………………………… 71

一、痛觉的适应 ………………………………… 71

二、外周神经末梢对严重损伤的反应 ………… 72

三、缓激肽 ……………………………………… 75

四、神经生长因子 ……………………………… 77

五、并非所有疼痛都相同 ……………………… 79

六、热痛 ………………………………………… 80

七、脊髓中的适应 ································· 84
　　八、长时程增强 ··································· 85

第6章　持续性疼痛的分子信号 ············· 93
　　一、逆行传输信号调控基因表达 ············· 93
　　二、长期过度兴奋的产生 ······················· 96
　　三、PKG：一种疼痛的分子开关 ············ 101
　　四、重新审视神经生长因子 ·················· 103

第7章　疼痛的来源 ································ 107
　　一、神经病理性和中枢性疼痛 ··············· 107
　　二、炎症性疼痛 ·································· 112
　　三、细胞因子 ····································· 112
　　四、内脏痛 ·· 115
　　五、神经系统功能的内 – 外世界论 ········ 116
　　六、内脏痛是牵涉性的 ························ 118

下篇　大脑回路对疼痛的调节

第8章　疼痛的外周调节：下行系统 ········ 129

一、全新的视角 129
二、疼痛：环境与阿片类药物 130
三、阿片类药物在脊髓中的作用机制 138
四、下行通路：γ-氨基丁酸 140
五、下行通路：血清素和去甲肾上腺素 144
六、促进去甲肾上腺素和5-羟色胺的释放 145

第9章 缓解疼痛：药理学方法 151

一、药物研发 151
二、靶点选择 152
三、切入靶点 163
四、发现：候选药的选择 165
五、临床前试验 167
六、临床试验 168
七、说明 169

第10章 神经矩阵 173

一、意识、觉察、疼痛 173
二、大脑活动的成像 178
三、觉察与疼痛 179

四、恐惧与奖赏 181
　　五、心理性疼痛 187

第 11 章　脑与疼痛 191

　　一、非自杀性自我伤害 192
　　二、大脑皮质和疼痛 193
　　三、受虐癖和情境 199
　　四、安慰剂效应 201
　　五、假说 204
　　六、针灸 206
　　七、冥想 207

第 12 章　大脑认知调节疼痛觉知 211

　　一、疼痛矩阵 211
　　二、严重的长期疼痛和疼痛矩阵的变化 212
　　三、情绪和认知功能区对疼痛的调节 215
　　四、心身性疼痛 215
　　五、疼痛因认知、信念和奖励而缓解 219
　　六、不确定性、恐惧和应激会加剧疼痛 223
　　七、疼痛的自我调节 225

八、注意力再讨论 …………………… 226

九、训练改变大脑 …………………… 228

十、认知与慢性疼痛 ………………… 230

十一、疼痛与痛苦 …………………… 231

十二、脑电波 ………………………… 232

十三、实时成像 ……………………… 233

十四、自我调节疼痛 ………………… 236

第13章 疼痛治疗的现状和未来 …………… 241

一、疼痛治疗的现状 ………………… 242

二、疼痛治疗的未来 ………………… 253

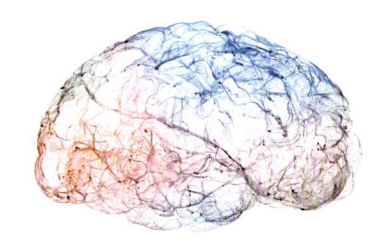

上 篇

基本疼痛通路的分子机制：决定强度及疼痛的持续时间

第1章 疼痛：神经系统的一种特性

于 宁 译　尹湘莎 校

一、疼痛的有益性、必要性和适应性

在我们开始详细讨论神经系统之前，有几个概念值得一提。痛觉是一种复杂的感觉，与视觉、听觉、嗅觉和触觉这些我们无时无刻不在体验的感觉不同。疼痛在正常情况下并不存在，只有当来自损伤或炎症部位的信息上传至大脑的处理中心时才会出现，且通常持续时间较短。疼痛这一信息经广泛的神经网络而传递，但其并不存在于受损部位，以及该神经网络的任一部分，而是只有当疼痛信息激活大脑中的回路时，疼痛才会被我们感知到。这是一个需要掌握的重要概念，我们可以借助开灯这一过程来更好地理解它：拉动开关（受伤），产生电流（信号），通过电线（神经），最终点亮灯泡（大脑）。虽然疼痛给人们带来了痛苦的感受，但它对于生命是必不可少的。疼痛的存在可以提示我们身体的某些部位已经受损，并驱使我们去保护受损部位，直至伤口愈合。同时，疼痛也是一位厉害的老师。在童年时期，我们对环境的很多了解都是通过疼痛建立的，尤其是对那些可能会伤害我们的东西，如火炉或刀刃。因为受伤会让人感受到疼痛和痛苦，所以我们学会避免那些可能会让自己受伤的情况。因此，无法感知疼痛的人通常也无法存活。

现在，假设你的手被割伤了一个小口，你的第一反应一定是迅速缩回受伤的手，以免受到更多的伤害，然后你会感到一阵刺痛，但这种感受实际上是在你把手抽离几毫秒之后才发生的。这种延迟是讲得通的，因为相比于从受伤部位发出信号到达大脑并被解读所需的时间，动作的响应可以明显快得多。急性的疼痛使我们意识到受伤，且疼痛的程度与受伤的严重程度相称。如果伤势较轻，急性疼痛会迅速减轻，但如果伤势较重，则会转变为持续性疼痛，使我们意识到受伤，所以我们会继续保护受伤的部位。一旦伤口愈合，持续的疼痛就会消失。因此，人们对疼痛的反应也不是固定的，而是具有适应性的——疼痛的强度和持续时间都随着损伤的严重程度而变化。以我们的经验而谈：损伤越严重、越剧烈，疼痛持续的时间也就越长。适应性是疼痛通路的固有属性，受该通路某些特定活动支配。换句话说，传至大脑的通路是恒定的，但是通过该通路传达的信息是可塑的，可以随环境而改变。然而，慢性疼痛既没有提示保护机体的目的，也不具有适应性，属于一种病理状态，我们可以将其视为一种异常延长的持续性疼痛。从这个角度来看，正常的疼痛和病理性的疼痛都是由神经系统疼痛通路特定的活动支配的，然而在慢性疼痛的情况下，该神经通路中的一个或多个关键环节出现了一些偏差。因此，慢性疼痛的治疗原则就是识别这些关键的环节，并针对其开发药物以缓解疼痛。这种方法看起来是很合理的，但正如我们目前所看到的，它确是非常难以实现的。

除了上述这些关键的过程，疼痛的反应还要更加复杂。由于疼痛的强度是十分主观的，且可以被疼痛时所经历的环境所影响，因此，一个非常疼的伤口在你有生命危险时可能就显得轻微得多。这好比说，你在树林里行走时不慎扭伤了脚踝，你坐在一根木头上，痛苦万分，但如果这时有一只熊突然出现，你会马上起身逃跑，就好像你不曾感到疼痛一样。事实上，在野外遇到熊一定不要奔跑，但重点是这种经历被称为应激性痛觉缺失，也就是说，在死亡的威胁面前，一方面，人们可以忽略掉正常情况下令人无法承受的疼痛；另一方面，沉湎于疼痛带来的痛苦只会让你感到更糟糕。此外，预期会产生焦虑，焦虑则会增加疼痛，这就好比护士拿着针筒准备过来给你打针一样。应激性痛觉缺失和焦虑所引起的疼痛加剧并不属于疼痛传导通路本身的特性，而是通过大脑中某些其他回路影响了疼痛通路。时至今日，我们关于这些回路的了解依然不多，但是近些年，神经科学领域的进展极大地扩展了我们对于这些回路功能的理解，以及其在疼痛管理中的重要性。

二、感觉和自我的概念

我们还需要对大脑和感觉信息加工之间的关系有一个整体的了解。当我们谈到"自我"这一概念时，

第1章 疼痛：神经系统的一种特性

我们通常会想到我们的身体，一个由心脏、肺、大脑、消化器官等组成的有形实体。然而，从其他角度来看，自我的概念实际上是意识的一种表现形式，是从大脑回路中产生的独特产物[1]。认识到这种二重性很重要，因为大脑位于颅骨腔内，感知外界的唯一办法就是通过与之相连接的神经，这些神经接收来源于皮肤、眼睛、耳朵、鼻子和舌头的信号，也就是我们所说的感觉，痛觉当然也是其中一种。但请记住这种感知也来自大脑中的某些回路，这意味着感觉和意识的联系是密不可分的。所有这些感觉的整合使我们意识到我们周围的环境，并通过与之相连的运动系统操纵着我们周边的环境。

此外，我们需要认识到，对于大脑而言，实际上存在着两个外部世界。其一是我们周围的世界；其二是我们的器官所在的内部世界。正如感知皮肤损伤对机体是很重要的，让大脑意识到心脏和其他器官的功能所受到的威胁也同样重要，因为它们供应着大脑活动所需的营养和氧气。疼痛是机体对于输尿管结石或炎症等脏器病变的主要反应，此外通常还有腹胀的症状。因此，疼痛可以通知大脑来自外部和内部世界的威胁。

基于这些特点，我们将逐步来理解我们是如何体验疼痛的。首先，我们将讨论神经元、神经网络的形成，以及如何通过其实现快速和长距离的信息交流，以此建立一个初步的理解。然后我们将继续学习人类神经系统以及传递疼痛信号的神经通路。我们会通过一些日常生活的例子来将这部分内容与现实联系起来。然后，我们将重点关注疼痛通路中特有的分子对痛觉感知和疼痛持续时间的影响，尤其是那些最有希望开发镇痛药物的分子靶标。接下来，我们将描述大脑中复杂的网络是如何调节疼痛的，这对认识慢性疼痛的非药物性治疗有重要意义。

三、神经元，原始的神经网络，反射

一个物种的存活取决于它应对环境中威胁的能力，正如一个单细胞生物遇到外界刺激后也会躲避。随着物种的进化，多细胞生物应对威胁的能力也变得更加复杂。以一种淡水水螅为例，它具有一个形似圆柱体的体腔，其一端为盲端，另一端开口于口（图1-1A）。口

第1章 疼痛：神经系统的一种特性

周围附有触须，便于捕食。其消化腔与口相通，表面为一层外胚层细胞，其下排列着内胚层细胞（图1-1A）。

值得注意的是，水螅所有的细胞均与外界相通，人类亦是如此，尽管这种形式更加复杂。对于多细胞生物来说，外胚层与内胚层之间还排列着肌肉细胞，使身体运动协调一致，因此内外层细胞须同时对外界刺激做出相应的反应，于是出现了一种被称为神经元（或神经细胞）的特殊细胞，这种细胞不同于典型的圆形或矩形细胞，它有两个突起，从胞体延伸出来，可以投射很远的距离（图1-1B）[2]。被称为树突的短突起延伸至体表，其末端的细胞膜上分布了许多受体，可以对环境中的外界信号作出响应。轴突这一较长的突起则主要位于体内，终止于其他神经元、肌肉细胞，或形成信号网络[3]。这个网络是动态变化的，因为树突与轴突是由电刺激兴奋的，可以快速传导电信号，即动作电位，就像导线上流过电流一样。当受体被激活，动作电位就会产生，并沿着神经网络迅速传至肌肉细胞，使它们收缩。这导致了触手和身体一并反射性回缩，大大减少了水螅暴露在环境中的体型。同样，位于消化腔表面的神经元也可以对进入消化腔或被触须捕获的物质做出反应。因此，在这个简单的生物体中，我们看到了神经元是如何形成简单的神经网络，允许信息从机体的内表面及外表面快速传导至体内具有反应性的细胞（图 1-1C）。因此，神经元的出现是生物进化中最重要的事件之一。在高等动物和人类中，神经元同样介导了许多反射活动，但也完成了更多更加精细的活动（如传递信息），使我们能够执行复杂的任务，以及通过痛觉告知我们，身体受到了有害的损伤。

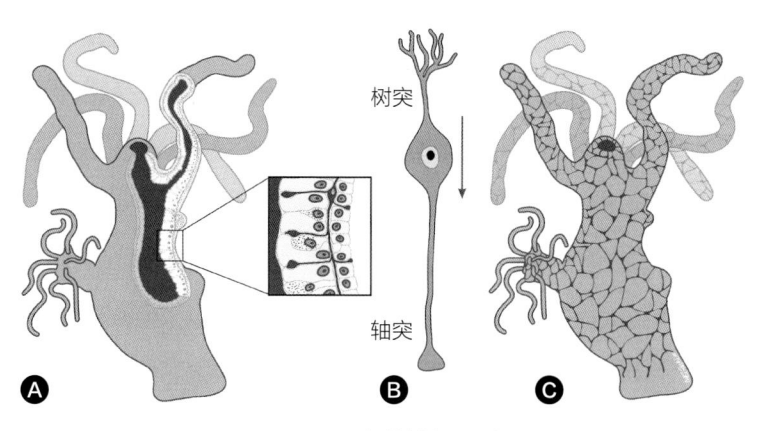

图 1-1 水螅神经系统

A. 水螅的体壁及与口相通的体腔（黑色），小图为体壁的放大部分，显示了内外层细胞，如分散的神经元，其突起（树突）延伸至内外层表面接收信息；B. 具有胞体、树突和轴突的神经元；C. 由水螅的神经元突起形成的神经网络

第1章 疼痛：神经系统的一种特性

注 释

[1] 在科学上，没有比试图理解意识更令人烦恼的问题了。以下提到的书中提出了关于这是否可能的辩论（M. Bennett, D. Dennett, P. Hacker, and J. Searle, *Neuro-science and Philosophy: Brain, Mind, and Language*. New York: Columbia University Press, 2007）。书中提出了支持和反对意识这个概念的论点，并讨论了英语中是否有足够的词来描述意识。在更实际的层面上，诺贝尔奖获得者 Francis Crick 和他的合作者 Christof Kock 试图定义意识的神经基础，他们的努力在下面的文章中进行了简要回顾：C. Koch, "What Is Consciousness?" *Nature* 557 (2018): S9-S12.

[2] H. Watanabe, T. Fujisawa, and T. W. Holstein, "Cnidarians and the Evolutionary Origin of the Nervous System," *Development, Growth, and Differentiation* 51, no. 3 (2009): 167-183.

[3] C. Dupre and R. Yuste, "Non-overlapping Neural Networks in Hydra vulgaris," *Current Biology* 27 (2017): 1085-1097.

第 2 章 人类神经系统的组成：从神经到神经元

尹湘莎 **译** 于 宁 **校**

一、周围神经和皮节

如果我们现在接受这样一个前提，即慢性疼痛的产生是由于部分负责疼痛的神经发生了故障，那么我们首先应该从神经系统的组成说起。解剖学家通常将神经系统分为两个部分：中枢神经系统（central nervous system，CNS）和周围神经系统（peripheral nervous system，PNS）。中枢神经系统包括脑和其延续下来的脊髓，而其发出的神经则导向人体各个部分，共同构成周围神经系统。脑是目前已知的最复杂的结构，因此，早期的解剖学家并不能解释清楚它是如何

第2章 人类神经系统的组成：从神经到神经元

运作的[1]。此外，脑位于颅腔内，不易对其进行干预，而试图操纵大脑的操作则往往导致其功能出现灾难性的损坏。脊髓远没有这么复杂，但它被包围在椎管中，而椎管由脊柱的骨骼和韧带组成，同样容易受到损伤。相比之下，解剖学家对 PNS 的神经研究了几百年之久，且医生可以在其受伤后进行相关检查。因此，我们对周围神经系统的分布和功能有较多的了解。

在不同个体中，周围神经的起源和数量都是恒定的。根据从脊髓发出的部位，周围神经被分为以下几类[2]（图 2-1）：由大脑发出的 12 对脑神经[3]，由脊髓依次发出的 31 对脊神经。脊椎动物的神经系统是双侧对称的，每一对神经中的一根负责身体的右侧，另一根负责身体的左侧。现在我们将重点关注脊神经，并简要描述它们的分布对理解疼痛的重要性。

每根脊神经在脊柱外侧由背（后）根和腹（前）根合并而成（图 2-1B）。位于背根的膨大称为背根神经节（dorsal root ganglion，DRG），这一结构也非常重要，我们将在后面的章节着重讨论。走行一段距离后，每根脊神经又将分为两条神经，腹（前）支走行至身体前部，背（后）支延伸至背部。胸段的脊神

脑组织与疼痛：神经科学的突破

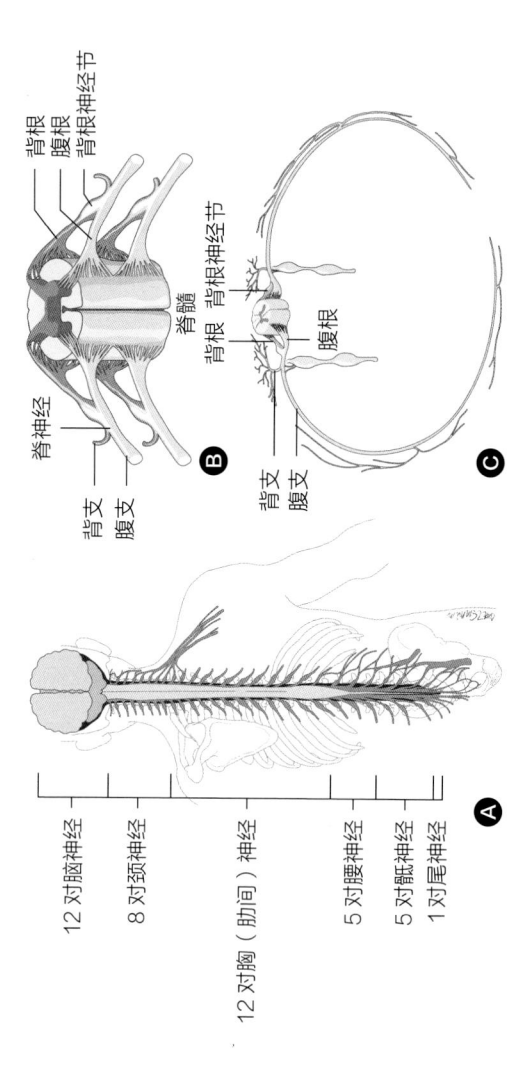

图 2-1　周围神经系统的构成、起源和分布

A. 由大脑发出的 12 对脑神经，由脊髓依次发出的 31 对脊神经，12 对胸神经依次发出，沿肋下走行；右侧显示，颈神经、腰神经和骶神经各自交织形成神经丛；左侧显示，12 对胸神经的背侧和腹侧分别发出小分支形成背根及腹根，背根神经节位于背根上。B. 脊腹根合并形成一段较短的脊神经，从脊髓的背其很快分为一个小的背支和一个较大的腹支；C. 单个胸神经，有较小的背支和较大的腹支，围绕着身体，每一个小分支都支配着肌肉和其他结构，终止于皮肤

14

第 2 章 人类神经系统的组成：从神经到神经元

后支和前支的分布很容易理解，它们依次发出，沿肋沟走行（图 2-1C）。因此，我们可以根据胸神经从脊髓发出的顺序将其命名（T_1、T_2 等）。相反，颈段、腰段和骶段发出的神经混合形成神经丛（图 2-1A），这也反映出上下肢的皮肤及深层结构的发育不如胸部那般整齐有序。不同于只发自于一个脊髓水平的胸神经，每个神经丛发出的神经来源于多个脊髓水平，如正中神经、尺神经等。

每个脊神经分支沿其走行方向都发出许多小分支，这些小分支终止于被称为皮节的特定皮肤带，以及位于皮节下方的肌肉、骨骼、血管和汗腺（图 2-2）。因此，脊神经的每个背支或腹支分别供应躯干背面或正面特定的皮肤及肌肉[4]。

尽管在皮节模式上有微小的个体差异，但每个神经分支在身体穿行至相应皮节的路径是非常恒定的。例如，脐区（肚脐）左侧的损伤涉及由第 10 胸神经分支支配的皮节，该分支与脊髓第 10 胸髓节段的左半部分相连。带状疱疹是由引起水痘的水痘 – 带状疱疹病毒重新激活而导致的，在这种情况下，胸部区域的神经路径非常明显（图 2-2）。带状疱疹可侵袭全身所有

脑组织与疼痛：神经科学的突破

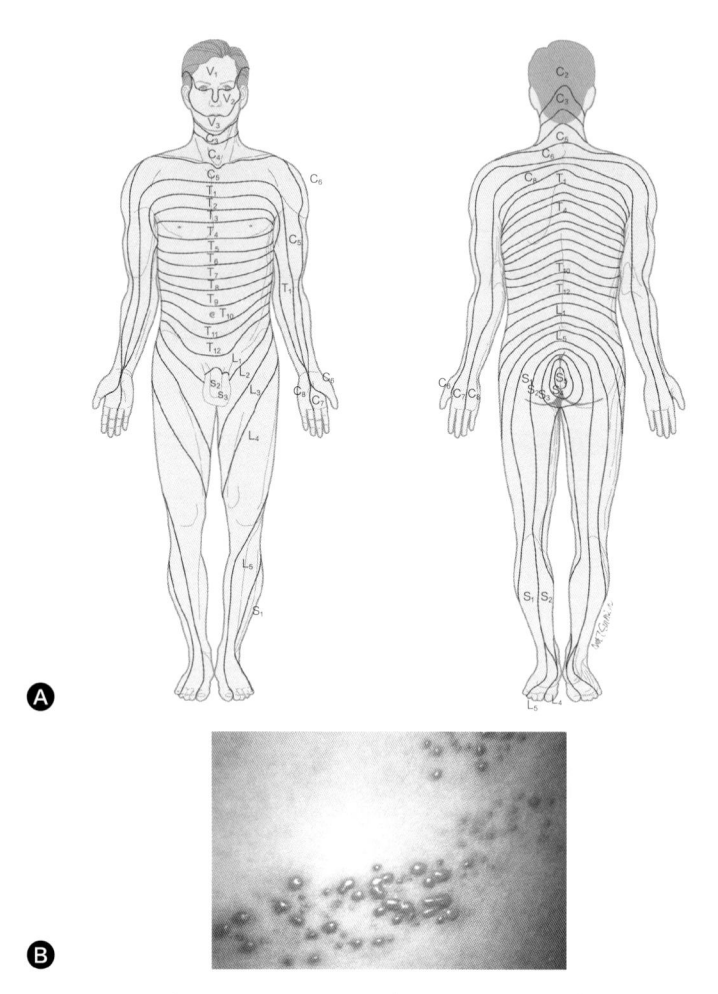

图 2-2 A. 脊神经的节段性分布（前面观和后面观），每个皮节都受特定脊神经的背支和腹支支配，因此，脐区（肚脐）由脊髓第 10 胸髓节段发出的第 10 胸神经（T_{10}）前支供应；B. 由水痘 - 带状疱疹病毒引起的疱疹，沿身体一侧的胸椎皮节分布

的周围神经，表现为受感染神经支配的皮肤区域出现非常疼痛的水疱。

身体也称为躯体，因此，周围神经也被称为躯体神经。值得注意的是，躯体不包括心脏、肺、肾等内脏器官，也不包括消化系统的任何组成部分。这意味着这些器官的疼痛是由不同于躯体神经的其他神经系统所介导的，由此极大地增加了确定这些器官疼痛来源的难度。内脏神经系统将在后面章节中详细描述。脊神经和皮节的节段性分布非常重要，因为它能让临床医生从身体的各个部位识别出哪些神经发生了损伤。

二、从中枢神经系统传入及传出的信息流

然而，仅仅知道脊神经的解剖结构和分布，并不能解释它们的功能。18世纪，解剖学家们发现周围神经系统中庞大的神经网络负责探测皮肤上的触摸、疼痛和温度刺激，并将这些信息传递至神秘的中枢神经系统[5]。注意，这里我们使用的是"探测"，而不是"感觉"。这个区别很重要，因为感觉是指意识到已经被探测到的刺激，这种感知能力依赖于大脑中高度复杂回

路的激活，这将在后面讨论。早期解剖学家将信号流向中枢神经系统定义为信息的传入（afferent），并确定绝大多数信息是通过背根到达脊髓的。同样的，解剖学家们也发现，将与肌肉相连的神经切断，肌肉就会瘫痪。这意味着来自中枢神经系统的信息沿着神经向外流动，这被称为信息的传出（efferent）。所有传出信息均由中枢神经系统经腹根传入脊神经[6]。因此，正是通过周围神经系统将信息传入和传出，我们才能够操纵周围的环境。例如，当我们试图穿针引线时，来自视觉系统的传入信息和来自手指的触觉信息通过周围神经传递到大脑，经过大脑的处理，我们看到了针眼，感觉到了针和线。因为我们的动机是穿针，大脑中相应的神经回路会被激活，传出的信息沿着神经向外传递到肌肉，使我们能够推动线穿过针眼。然而，早期的解剖学家们无法辨识神经纤维中真正负责信息传入和传出的结构。直至显微镜的出现，才很好地解决了这个问题。

第 2 章 人类神经系统的组成：从神经到神经元

三、显微神经解剖学：疼痛的神经基础

荷兰科学家 Antonie van Leeuwenhoek 在 17 世纪中期发明了显微镜，这是历史上最重要的科学发展之一，因为它开启了一个仅凭肉眼无法观测到的世界。科学家们第一次可以研究构成生命基本单位的细胞。得益于特定染料及其他方法的应用，科学家们进而可以区分不同类型的细胞。Santiago Ramóny Cajal 开发的特殊染色技术在这方面是非常宝贵的[7]。当科学家们用显微镜观察被染色的神经系统时，他们进入了前所未知的神经元世界。事实上，当科学家们观察脊神经内部时，他们看到了数千根神经纤维（图 2-3）。因此，古代解剖学家所描述的及当代解剖学家所研究的神经仅仅是管道，实际上传递信息的是其中的神经纤维。通过追踪这些纤维，科学家们很快就发现它们是远端神经元胞体的延伸。

科学家们首先研究的是普通水螅的简单神经元，但人体的神经元有多种大小和形状，反映出对更复杂功能的需求。在此，我们将重点关注在周围神经系统中占主导地位的 2 种神经元类型（图 2-4）。第一种是

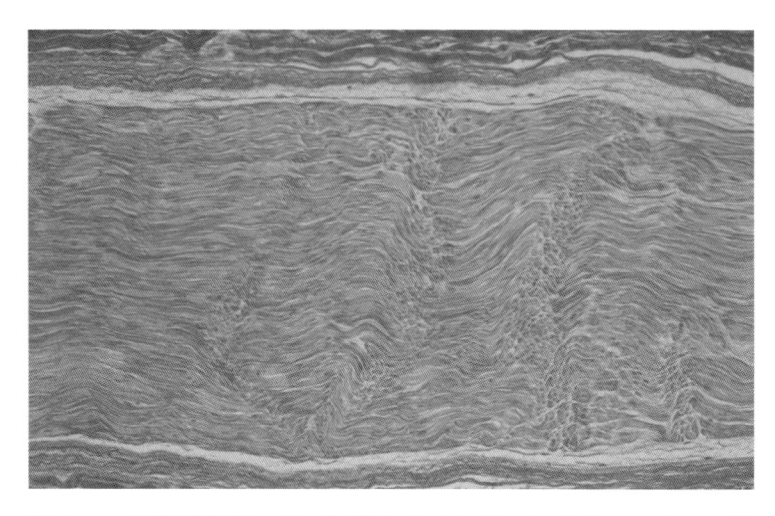

图 2-3 显微镜视野下的周围神经染色切片图,图中所示为周围神经由数千根神经纤维组成

运动神经元(motor neuron),它们的胞体位于脊髓,且存在于脊髓的 31 个节段。神经元胞体中包含编码及合成维持神经元各种功能所需的蛋白质,以及其他大分子的基因组及细胞器。从胞体延伸出来的是一些较短的树突和一根很长的轴突。轴突通过脊髓的前根汇入相应的脊神经。然后沿着脊神经的背支或腹支走行至支配的皮肤和肌肉。和寻常线虫的神经元一样,人类神经系统中的神经元也会对刺激做出反应,产生电脉冲(一种动作电位),这种电脉冲可以沿着树突和轴

第 2 章 人类神经系统的组成：从神经到神经元

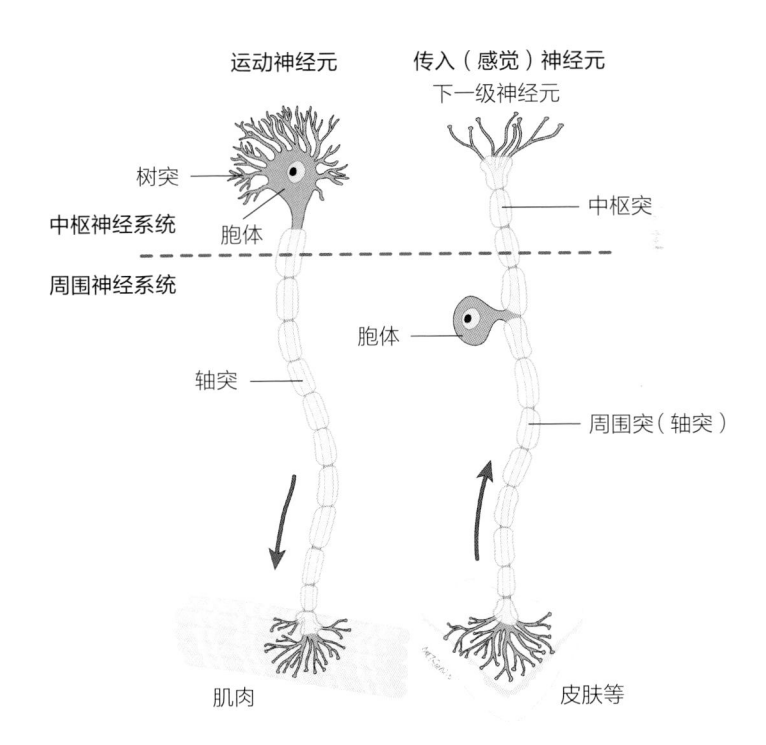

图 2-4 运动神经元和传入神经元的形态

运动神经元的长轴突支配肌肉细胞，传入神经元的长外周突（轴突）传递来自皮肤和外周其他结构的感觉信息。两者都位于周围神经系统。运动神经元的胞体和传入神经元的短中枢突均位于中枢神经系统。所有传入神经元的胞体都位于背根神经节

突快速传播，就像电流通过导线传导一样。在接下来的章节中，我们将对动作电位的产生进行更多的讨论。现在我们已经知道，对运动神经元树突的刺激会引起动作电位，动作电位沿着轴突传播，导致其支配的肌肉收缩。运动神经元是外周神经系统的传出臂，负责所有肌肉的运动。

所有传入中枢神经系统的信息都是通过形态与运动神经元大不相同的另一类神经元传递的（图2-4）。所有传入神经元（afferent neuron）的胞体都位于背根神经节，前述我们已经提及，它位于背根。这些胞体的轴突在近胞体处分为两支。较长的外周突（peripheral process）进入脊神经，并通过脊神经的背支或腹支到达其支配的皮节。较短的中枢突（central process）通过背根进入脊髓，并将信号传递至脊髓的神经元。与运动神经元一样，传入神经元是电兴奋的，外周突中的动作电位将继续沿着中枢突传递。因此，正是通过动作电位的传递，来自外周结构（如我们的皮肤）的信息被传递至脊髓神经元。

用突起（纤维）这些术语来描述传入神经元的外周分支是正确的，但很麻烦。根据传统的神经解剖学，

第2章 人类神经系统的组成：从神经到神经元

轴突引导动作电位离开神经元胞体。然而，传入神经元的外周突向细胞胞体传递信息，与传统理论相悖。近些年，轴突的定义不再是由传导的方向来决定，而是由它们合成蛋白质的能力来决定。根据这一标准，传入神经元的外周突可以称为轴突。我们选择同时使用轴突和突起这两种描述。

根据神经元的结构和电特性，我们很容易理解为什么这些神经元被归类为传入神经元。请注意，运动神经元的胞体位于中枢神经系统，传入神经元中枢突的末梢也位于中枢神经系统。因此，将神经系统分为中枢神经系统和外周神经系统纯粹是依据解剖结构来划分的。而运动和感觉功能是没有类似的区分的，它们是完全整合在一起的。31对脊神经中的每一对都包含着数千个运动神经元的轴突和数千个负责接收外周信息的传入神经元的外周突。其形态结构如图2-3所示。为了让大家理解神经纤维的规格，我们举个例子，如支配我们踇趾的运动神经元轴突和外周传入轴突超过3英尺（约0.91m）长，但每根轴突比一根头发还细！

传入神经元在一定程度上负责传递感觉这一发现是一项重大的进步，但仍困扰着解剖学家的问题是，感觉神经元如何区分触觉、疼痛、温度和其他刺激？答案是，某种感觉的性质（也被称为感觉模式）并不取决于刺激，而是取决于对刺激做出反应的神经元的特性。换言之，不同的神经元集群分别对触觉、痛觉或其他感觉刺激有反应。最近的证据表明，甚至有一群神经元对瘙痒有反应。所有类型的神经元胞体都在背根神经节中，它们的外周突进入与该神经节相连的脊神经的所有分支。我们只关心那些对疼痛相关事件有应答的神经元，这些神经元被称为伤害感受神经元（nociceptive neuron）或伤害感受器（nociceptor）。Charles Sherrington（1857—1952年）首先提出了伤害感受（nociception）这一术语。"Noci"在拉丁语中是疼痛的意思，这些神经元是损伤的第一反应者，因此被称为一级伤害感受神经元（first-order nociceptive neuron）。这些神经元与介导我们其他感官的神经元不同，它们只有在受伤或其他损伤时才会做出反应，因此大部分时间都处于静默状态。

四、伤害感受神经元和基本痛觉传导通路

不同学科神经科学家的工作使我们能够较为详细地描述一级伤害感受神经元的显微解剖结构和功能[8]。因此,我们现在可以用一个实际的例子将伤害感受神经元置于周围神经系统的适当位置。例如,脐周第10胸神经(T_{10})支配部位皮肤有损伤时(图2-5),损伤会诱导一级伤害感受神经元外周突末梢产生动作电位。此处产生动作电位的机制我们稍后解释。产生的动作电位会沿着T_{10}腹支内的神经元周围突迅速传播。到达背根神经节后,将继续沿T_{10}背根的中央支传递至脊髓。传入脊髓的每条神经分支都与脊髓特定部位相连接。其中一条分支介导脊髓运动神经元激活,激活后运动神经元中诱发的动作电位将沿着其轴突从T_{10}腹根传出,并在T_{10}腹支内走行,最终导致损伤部位的肌肉收缩。现在我们可以理解这种快速的反射性撤回,它可以保护受伤区域免受更多的损害。传入脊髓的另一条分支更重要,因为它诱发了二级伤害感受神经元(second-order nociceptive neuron)的动作电位。这些电位会在二级伤害感受神经元的轴突内传递,

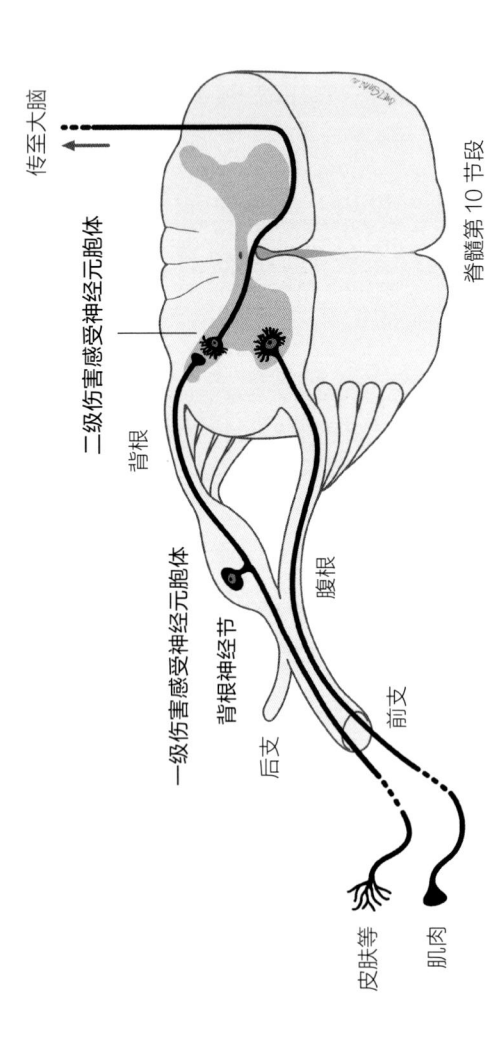

图 2-5 机体受伤后的反应示意图

皮肤损伤引起的动作电位沿着一级伤害感受神经元 C 型伤害感受神经元的外周突传递,在脊髓激活脊髓背侧区域的二级伤害感受神经元和腹侧区域的运动神经元(间接激活)。二级伤害感受神经元激活后,动作电位沿着神经元轴突继续传递,并随之传递至脊髓对侧,最后上行传递至大脑。运动神经元中诱发的动作电位沿着神经元轴突传出,由脊髓的腹根传出,并继续在脊神经的腹支传播,最终引起目标肌肉收缩,从而保护受伤区域免受更多损伤

第 2 章 人类神经系统的组成：从神经到神经元

并沿着轴突传递至脊髓的对侧，最后上行传递至大脑（图 2-5）。我们刚才所描述的受损伤部位信息沿着一级和二级伤害感受神经元传递至大脑的这条基本通路是非常了不起的。事实上，这条通路负责传入从脚尖至头顶，以及两者之间任何地方的损伤信息。二级伤害感受神经元的轴突穿行至脊髓对侧这一点是非常重要的，因为这意味着从身体右侧传入脊髓的疼痛信号将传递至大脑的左侧，反之亦然。

一级伤害感受神经元有两种类型：Aδ 型伤害感受神经元和 C 型伤害感受神经元。与 C 型伤害感受神经元相比，Aδ 型伤害感受神经纤维的末梢在外周局限性更强，它们的轴突能更快地传递来自损伤部位的信息。因此，Aδ 型伤害感受神经元几乎能立即对损伤做出反应。然而，临床和实验研究提供了非常明确的证据表明 C 型伤害感受神经元对于感受损伤后的疼痛，尤其是严重的持续性疼痛至关重要。因此，在接下来的章节中，我们将重点讨论这些一级伤害感受神经元。

以上描述的两级神经元痛觉通路解释了躯体某部位受损伤后信号是如何传递至大脑的。但请记住，"躯体"一词并不包括内脏。大脑感知心脏或胃等内脏的损伤的方式是非常重要的，因为有几种与内脏器官相关的慢性疼痛。其中所涉及的神经通路是非常复杂的，我们将在下一章进行讨论。

注　释

[1] 然而有趣的是，古希腊哲学家认识到了大脑的一般功能，尽管他们的观念没有被普遍接受。公元前 500—前 450 年，克罗顿的 Alcmaeon 写了几篇关于生理学和心理学的文章，他被认为是第一个发现大脑是理解的场所，并区分理解和感知的人。在 2018 年 12 月 27 日更新的斯坦福哲学百科全书中可以找到一篇关于 Alcmaeon 和他许多成就的优秀论文。Herophilos（公元前 335—前 280 年）解剖了大脑，描述了从大脑和脊髓中产生的神经线路。他被认为是解剖学之父，他从自己的研究中得出结论，即大脑是感觉的中心器官。他写了许多关于解剖学的论文，不幸的是，这些论文在亚历山大图书馆被毁时丢失了。

[2] 想要获取有关神经系统的组成和组织的更多信息，读者可以查阅众多优秀的人体解剖学教科书之一：*Clinically Oriented Anatomy*, by K. L. Moore and A. F. Dalley (Baltimore, MD: Lippincott Williams and Wilkins, 2017)，它包含了有关神经系统的大量信息。网上也有很多很好的图表和插图。

[3] 我们遵循的是有 12 对脑神经的惯例，但这是不正确的，因为第Ⅺ对脑神经是脊椎的附件，通过运动神经元支配颈部的 2 块肌肉，其细胞体位于脊髓的颈部区域。因此，它的功能就像 1 对脊神经。

第 2 章　人类神经系统的组成：从神经到神经元

［4］每条脊神经都为其对应的皮肤区域提供一级神经支配，但由于上下脊神经的细小分支的存在，支配区域存在一些重叠。

［5］理解这种关系的一位主要人物是 René Descartes，他在 1664 年的《人类论》(*Treatise of Man*) 中假设神经是外部事件和大脑之间的直接联系。这个想法是革命性的，因为它表明疼痛是神经系统内活动的一种表现。现在，缓解疼痛的重点可以放在防止疼痛信号沿神经传递上。

［6］我们使用"信息"一词只是为了表示最终会产生结果的信号。在大多数情况下，信号是电动作电位。在接下来的章节中，我们将学习更多关于动作电位的知识。

［7］Santiago Ramony Cajal 于 1906 年被授予诺贝尔生理学和医学奖；有关他成就的信息可以通过在网上搜索他的名字来找到。

［8］由于信息的密度和数量，期刊文章可能很难阅读，但这两个很好的来源将帮助读者了解伤害感受神经元的作用：A. E. Dubin and A. Patapoutian, "Nociceptors: The Sensors of the Pain Pathway," *Journal of Clinical Investigation* 120 (2010): 3760-3772; P. J. Albrecht and F. L. Rice, "Role of Small-Fiber Afferents in Pain Mechanisms with Implications on Diagnosis and Treatment," *Current Pain and Headache Reports* 14 (2010): 179-188.

第3章 疼痛：知觉和归因

张翰林 **译** 王 涛 **校**

图3-1详细地描绘了基本的伤害感受通路。它特别显示了位于一级伤害感受神经元的中枢突和运动神经元之间的中间神经元。然而，对于我们对疼痛的理解来说，更重要的是，中枢突的另一个分支并不直接接触二级伤害感受神经元：两者之间的间隙是被称为突触的特殊结构。一级和二级伤害感受神经元之间的突触在控制痛觉信号进入大脑方面具有重要的意义，我们将在下一章讨论突触的结构和功能。

到目前为止，关于损伤信息仅以动作电位的形式存在，这些动作电位沿着基本的伤害感受通路传导。接下来，大脑中的环路将这些冲动转化为痛觉，并可以辨别病变的位置。只有先学习一下大脑的结构，才可以理解这令人惊叹的机制。

第3章 疼痛：知觉和归因

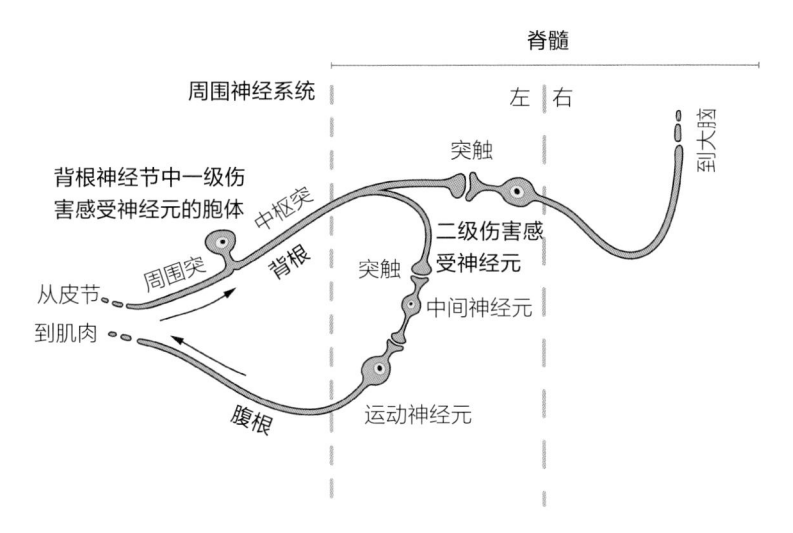

图 3-1 在脊髓背侧，一级 C 型伤害感受神经元的中枢突与二级伤害感受神经元的树突之间形成突触连接，一级 C 型伤害感受神经元的中枢突与运动神经元联系的中间神经元的树突之间也形成突触连接

一、脑的解剖

由于各种原因，许多早期的解剖学家和哲学家认为大脑无关紧要。想象一下，当他们得知这个平平无奇的外观结构是一个有着惊人功能的极其复杂的器官时，会有多么惊讶。我们现在知道，大脑包含大约千亿个神经元，其中一些可以与另外上万个神经元联系。

31

据估计，大脑总共有万亿个神经环路。可以毫不夸张地说，大脑是已知宇宙中最复杂的结构。

大脑由左右两个大脑半球共同组成（图 3-2A）。从第 2 章我们知道，二级伤害感受神经元的轴突传导来自身体右侧损伤的信号到左侧大脑半球，反之亦然。两个大脑半球并不是独立运转的，而是通过一个称为胼胝体的结构相联系（图 3-2B）。在两个大脑半球下方的中线处是脑干，它与脊髓相连续，为信息从下面的身体进入大脑以及信息离开大脑提供通道。这些信息通过内囊到达大脑皮质。

人脑的一个显著特征是有着由许多沟回形成的凹凸不平的表面。沟回的模式在不同的大脑之间略有不同，但也有着相似的结构，我们可以根据这些结构识别大脑的各个部位，它们也是大脑发挥功能的重要结构。沟和回极大增加了大脑的表面积，位于沟和回下方的神经元形成了大脑皮质（图 3-2B 和 D）。数十亿个大脑皮质神经元及其连接决定了人类的高级属性。大脑染色切片上，细胞体呈灰色，轴突呈白色，易于识别。大脑皮质神经元根据功能的不同，可以分成数百个不同的亚群。

二、知觉：丘脑

丘脑是理解疼痛的关键结构，左右各一，是位于大脑半球深处的神经元胞体集合（图 3-2B）。丘脑是

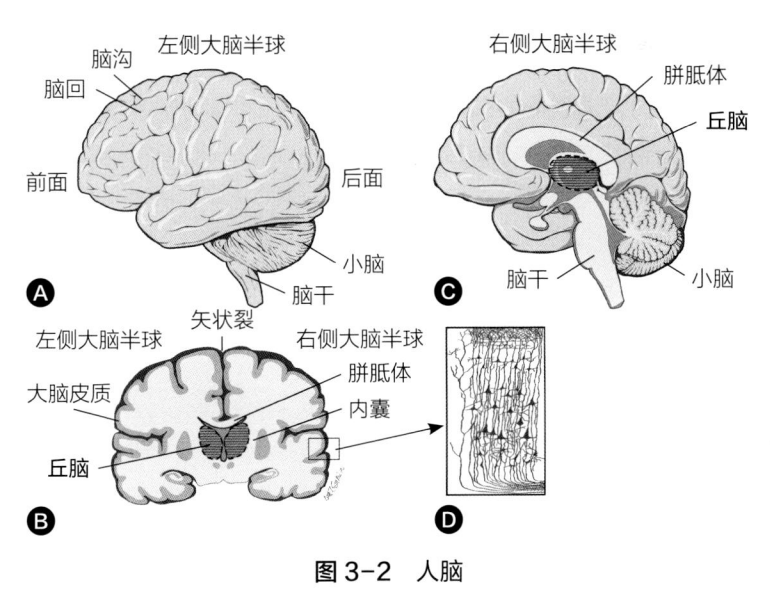

图 3-2 人脑

A. 从左侧观察大脑，显示左侧大脑半球有沟和回，大脑下方是小脑和脑干，脑干在颅骨入口处与脊髓相连续；B. 大脑半球的染色横切面，显示皮质和丘脑（加粗）的神经元胞体（灰色）和两个大脑半球之间的胼胝体走行的轴突（白色），两个大脑半球由矢状裂隔开；C. 右侧大脑半球内侧面，突出丘脑（加粗）的位置；D. 经 Cajal 染色的大脑皮质放大染色切片，显示位于大脑表面下方的皮质神经元及其轴突和树突的排列，大脑皮质神经元形成的环路对大脑发挥功能有重要作用

脑组织与疼痛：神经科学的突破

信息交流和整合中心，它接收来自外周所有感觉神经元的输入（嗅觉神经元除外，嗅觉是一种更原始的模式）[1]。丘脑可以细分为不同的神经元组，不同神经元组对特定的感觉输入做出相应反应（图3-3）。每时每刻，传递视觉、听觉、触觉和疼痛动作电位的神经都会进入丘脑，激活它们各自的三级丘脑神经元。这些信息随

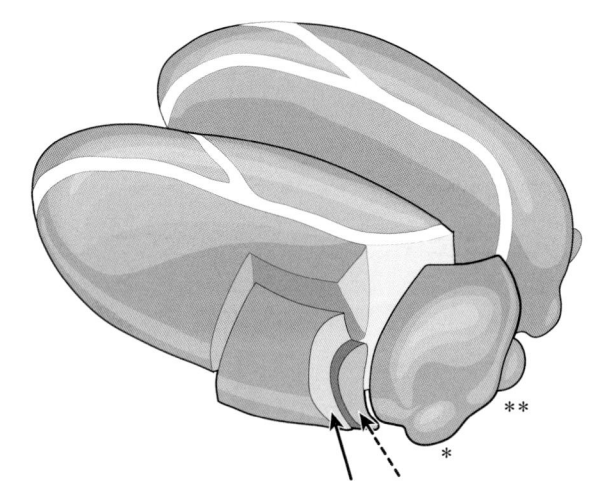

图3-3 左右丘脑

每个丘脑被划分为包含具有特定功能的神经元的各个区域。左侧丘脑突出了三级丘脑神经元的位置，这些神经元处理来自身体其他部位（实线箭）和口面部区域（虚线箭）的伤害感受性信息输入，以及来自视觉（*）和听觉（**）系统的输入。在各个区域内的环路处理后，信息被传递到大脑的中心

第3章 疼痛：知觉和归因

后被分别传递到大脑的其他部分，形成我们对视觉、声音、触觉、疼痛和所有其他我们用来建立周围世界概念的方式的知觉。因此，疼痛并不存在于病变部位，也不存在于一级或二级伤害感受神经元中；只有当二级伤害感受神经元的轴突激活三级丘脑神经元时，才会出现痛觉。这是对痛觉较为深刻的认识[2]。

可以肯定的是，丘脑是感知疼痛的关键，因为阻断丘脑的血液供应可以产生严重的疼痛，研究表明，刺激丘脑的某些区域会引起疼痛，而去除其他某些区域则会减轻疼痛。然而，我们还不清楚感知觉是如何从丘脑的神经环路活动中产生的。探索丘脑在疼痛中的作用是重要的，我们现在知道，丘脑只是庞大的神经网络的一个组成部分，这个网络决定了我们能否感觉到疼痛及疼痛的程度。例如，从个人经验中我们知道，疼痛是分层次的。如果你的伤口很痛，但后来又受到了更严重的伤害，那么来自后者的疼痛将取代来自前者的疼痛。这是有意义的，因为我们需要更加关注更严重的伤害。然而，这种对疼痛的知觉的转变并非来自丘脑的环路，而是来自脑的高级中枢。在接下来的章节中，我们将对这种关注的作用做进一步的阐释。

一些参与痛觉的三级丘脑神经元的轴突投射到大脑皮质的特定区域,确定了这种联系的重要性是现代神经科学中的重大发现之一。

三、归因:感觉皮质

20世纪50年代,Wilder Penfield 和 Theodore Rasmussen 注意到了大脑皮质神经元的功能,并试图确定引起癫痫发作的部位。为了做到这一点,他们首先在麻醉支持下切除了一部分患者的头皮和颅骨,从而暴露出脑。当麻醉失效、患者醒来时,他们使用微小的电极来刺激每侧大脑半球的皮质环路(这是可能的,脑仍然处于麻醉状态)。当他们探测大多数区域时,患者几乎没有反应。大约位于每个大脑半球中间的结构是中央沟,其后方是中央后回(图3-4)。当他们刺激中央后回的小部分皮质区域时,患者报告说有了局部的感觉。值得注意的是,所有患者脑回的每个部位的反应基本相似,并且来自身体的对侧。当他们将每个反应与脑回的刺激部位相匹配时,完成了一张扭曲的身体地图,可以表示为"感觉小人"(图3-4)[3]。

第 3 章　疼痛：知觉和归因

从对较为低等动物的研究中，有证据表明存在这样的身体地图，但在人类身上发现它，是我们对感觉处理的理解上的一大进步。

乍一看，扭曲的身体地图令人费解，但之后的研究表明，该地图可以准确地反映来自身体各个区域的感觉输入密度。脸部、手部和足部在大脑皮质中的对应区域较大，因为这些区域从一级神经末梢获得的感觉输入数量最多。手指的对应区域尤其大，反映了使用手来控制

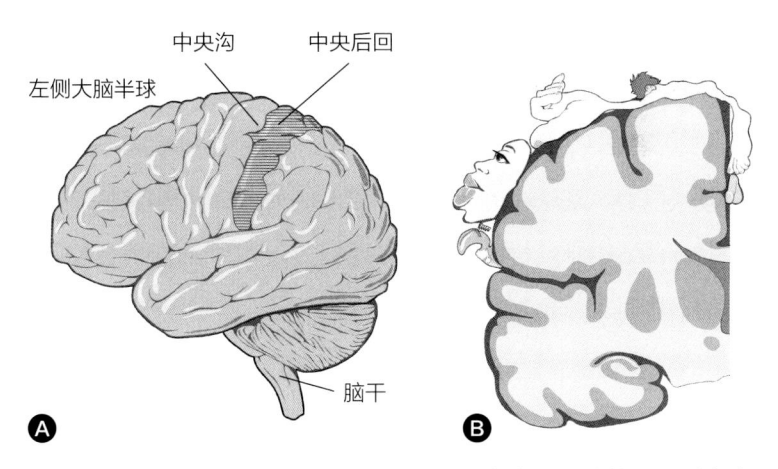

图 3-4　A. 左侧大脑半球，以及中央沟和中央后回的位置，对中央后回的刺激可以在特定部位引起感觉，该过程可重复；B. 左侧大脑半球中央后回的切面，显示"感觉小人"，它是通过将感觉的来源与表面刺激的位置相关联而产生的，右侧也有类似的"小人"

物体所必需的敏感性。最重要的是，我们知道了大脑识别损伤的来源，因为从特定部位传递动作电位的二级神经元的轴突激活了对应的三级丘脑神经元，然后它们的轴突投射到"小人"的相应部位。这种机制简明而又准确[4]。

有趣的是，在仔细观察"小人"时，我们可以发现，"小人"没有心脏或其他内脏的对应部位，这意味着我们无法感知内脏的疼痛。当然，这是矛盾的，因为我们肯定会感觉到心脏和胃的疼痛，更不用说许多其他内脏器官了。原因是来自所有内脏器官的疼痛是通过一组内脏伤害感受神经元传递到中枢神经系统的。这组一级伤害感受神经元的胞体位于背根神经节，还有从皮节传导感觉的胞体，但它们的周围突通过一组独特的神经到达靶器官，其中枢分支传导的信号处理方式也不同。我们将在第 7 章讨论这些重要的神经元及其在疼痛中的作用。

四、躯体感觉系统

如果我们将图 3-1 所示的基本伤害感受通路联系

到三级丘脑神经元，并将它们与前文提到的作为"感觉小人"的皮质神经元相联系，就相当于建立了一个躯体感觉系统，负责感知我们受伤部位的疼痛并定位其来源。图3-5显示了这些成分的解剖关系，并说明了来自每个脊髓水平的二级伤害感受神经元的轴突交叉并上升到三级丘脑神经元，形成脊髓丘脑束。这个名字很容易记住，因为它定义了一条联系脊髓神经元和丘脑神经元的通路。脊髓丘脑束的损伤会对来自身体对侧的疼痛信号产生影响，这对脊髓损伤的诊断非常重要。

五、针刺模型

将所有这些内容放在一个更相关的话题中，我们来看一个实际的例子，即右手示指的简单针刺。针刺皮肤，导致在损伤区域的一级伤害感受神经元的末端产生动作电位[5]。我们知道，正中神经的分支支配这个手指，电位将沿着该神经分支内的伤害感受神经元的周围突和中枢突传导。中枢的分支在C_5～T_1节段进入脊髓背侧，并且进一步分为两支。一支间接地激活

脑组织与疼痛：神经科学的突破

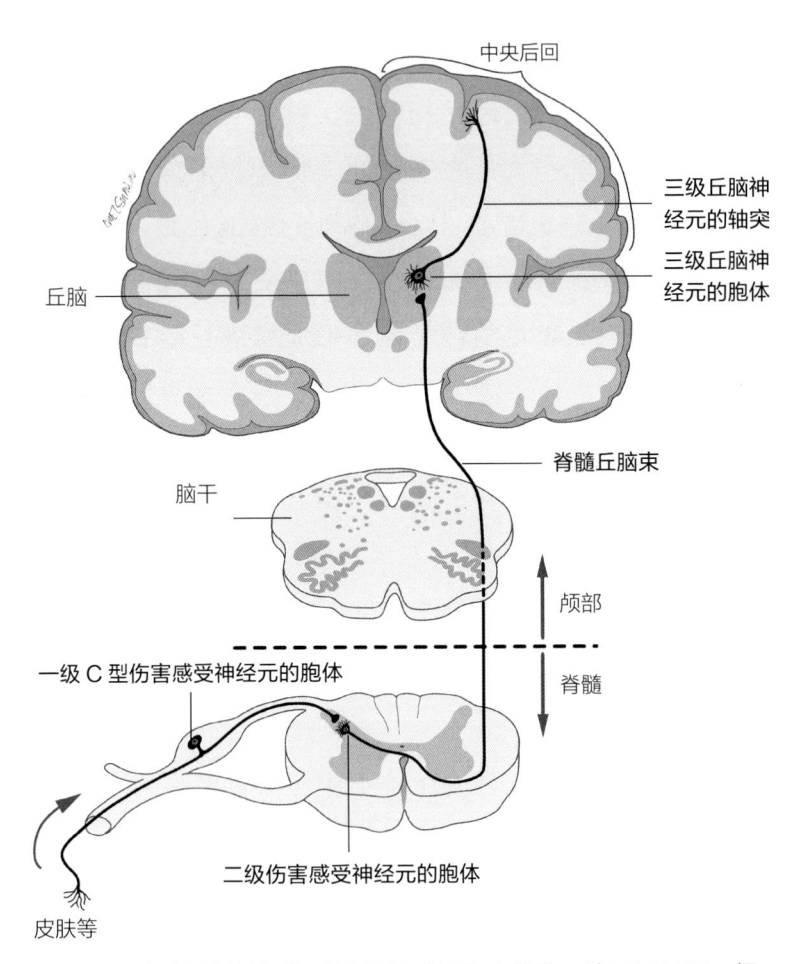

图 3-5 疼痛是通过躯体感觉系统感知和定位的。该图显示了一级 C 型伤害感受神经元，其周围突支配皮肤，背根神经节中的细胞体，及其中枢突，激活脊髓中的二级伤害感受神经元。二级伤害感受神经元的轴突交叉至对侧，在脊髓丘脑束内上升到丘脑，在那里它激活了三级丘脑神经元，该神经元的轴突与感觉皮质中的神经元相联系

运动神经元，其轴突在正中神经内走行，引起肌肉收缩，使得手指防御性后撤，从而保护手指免受进一步伤害；另一支通过突触与二级伤害感受神经元的树突建立联系，引发二级伤害感受神经元轴突的动作电位，这些神经元的轴突在脊髓丘脑束交叉并上行到脑的左侧，在那里，它们激活了左侧丘脑中感知到疼痛的三级丘脑神经元。一些丘脑神经元会将轴突发送至左侧大脑半球的"感觉小人"的区域，从而将疼痛归因于右手示指。

思考一下，现在学习到，我们感知到右手示指受到了伤害，仅仅是信息因为通过躯体感觉系统传入到脑（图3-5）。此外，类似的通路在皮肤任何地方调节对针刺的反应，只有皮节和相应的神经不同。这在颈部及以下位置的损伤是正确的，现在，我们需要讨论一下疼痛信息是如何从头部区域传导的。

六、头部口面部区域的神经支配

"感觉小人"包含了面部区域的很大部分，这反映了面部区域对人类生存的重要性。从面部发出有关损伤信息的伤害感受性通路是由脑神经传导的，在功能上与我们之前详细讨论的脊神经相当。和脊神经系统一样，脑神经系统也由一级、二级和三级神经元组成，但它们的解剖位置与脊神经对应的位置不同。区别首先在于节段性的脊髓在枕骨大孔处成为脑干，枕骨大孔是颅底的大开口。从这里开始向上没有背根神经节，周围传入和传出神经的来源和分布要复杂得多。幸运的是，我们不必详细讨论解剖结构，因为来自头部结构的绝大多数伤害感受性信息是由一级伤害感受神经元传导的，这些神经元的胞体位于一对非常大的三叉神经节（图3-6）。这些神经节位于脑干之外，其感觉神经元的功能与背根神经节感觉神经元的功能相当。顾名思义，每个三叉神经节有三个主要分支，分支广泛分布于口面部。每个分支内都含有一级伤害感受神经元的周围突，它们将通过其各个分支传递疼痛信号。每个分支都支配特定的区域，没有重叠，共同提供来自牙齿、牙龈、鼻区、舌头、口腔区域、眼睛、耳朵和脑周围的膜性结构的信息。三叉神经各个分支支配的区域非常广泛，包含了一些较为重要的结构。

一级伤害感受神经元的中枢突进入脑干,在这里，

第3章 疼痛：知觉和归因

它们与二级伤害感受神经元联系，二级伤害感受神经元的轴突交叉到对侧，并上升到三级丘脑神经元，三级丘脑神经元的轴突投射到"感觉小人"的面部相对应的区域。颅部伤害感受通路与脊髓通路相同，只是与接收脊神经输入的神经元相比，二级伤害感受神经元的轴突与不同的三级丘脑神经元的亚群联系（图3-3）。因此，我们有两条不同但并行的疼痛感知途径：一条来自口面部，另一条来自身体的其他部位。需要强调的是，三叉神经痛、偏头痛、鼻窦炎、中耳炎、牙痛等引起的疼痛是由前文已经讨论的脊髓伤害感受性通路上具有相同特征的一级、二级和三级神经元传导的。

需要注意的是，每个三叉神经节所支配的区域大概止于耳朵的水平（图3-6）。耳后的头部和头皮区域由脊神经支配。这一区别很重要，因为它意味着来自口面部相关结构的疼痛是脑神经的病变，而来自头后部的疼痛是脊神经的病变。

总而言之，我们学习到了临床医生如何通过神经通路准确定位身体某处病变的疼痛信息，太神奇了！

脑组织与疼痛：神经科学的突破

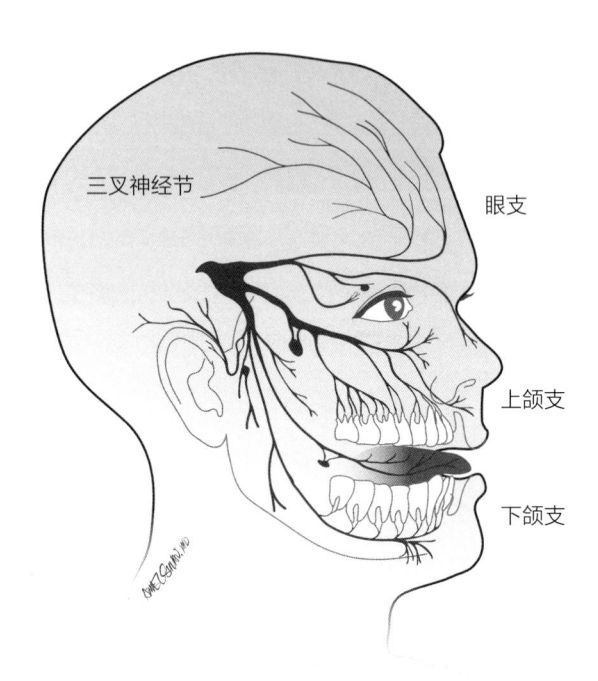

图 3-6　口面部的疼痛源于三叉神经节中的一级伤害感受细胞体。图中显示了右侧三叉神经节及其眼支、上颌支和下颌支，每一支都传导来自其支配区域内特定的感觉信息。请注意，这些分支只支配耳朵前方的结构（包括头皮）

第3章 疼痛：知觉和归因

注 释

[1] K. Hwang, et al., "The Human Thalamus Is an Integrative Hub for Functional Brain Networks", *Journal of Neuroscience* 37 (2017): 5594-5607.

[2] 我们正在使用一个三级神经元将复杂的环路简单化。在这一点上，我们认为知觉是对一种感觉的意识，无论是触摸、声音还是疼痛，但也承认这并不准确。知觉确实是一种意识，但它不一定与体验一种感觉联系在一起。意识和体验之间的这种区别对于理解疼痛特别重要，本书后面将讨论这一点。

[3] 想要了解更多关于这些开创性研究的信息，请阅读 W. Penfield and T. Rasmussen, *The Cerebral Cortex of Man* (New York: Macmillan, 1950).

[4] 有趣的是，刺激中央后回并不会引起疼痛，说明它的作用是确定病变位置。在注释[2]中讨论的 Penfield 和 Rasmussen 的另一个伟大发现是，刺激患者的中央前回会导致对侧肢体和面部的运动。当这些反应沿着脑回被映射时，它们形成了一个运动小人，其中手和脸相对于身体的其他部分被夸大了。这就解释了为什么卒中患者会出现卒中对侧瘫痪。它还表明，我们可以随意移动肢体、手指或做鬼脸，因为大脑选择性地激活小人相应区域的（上）运动神经元。这些神经元的轴突下行，最终导致脑干或脊髓腹角（下）运动神经元的激活。来自这些神经元的动作电位通过周围神经引起肌肉收缩，以完成目标动作。

[5] 即刻反应将通过一级 Aδ 型伤害感受神经元发生，这将导致急性疼痛和最初的撤退反射。因为通向运动神经元的路径比通向大脑

的路径更短，所以撤退实际上是在感觉到疼痛之前发生的，这种安排很有效，因为应该优先保护手指免受额外的损伤。急性疼痛立即被通过 C 型伤害感受神经元的外周和中枢突调节的疼痛所取代。这些神经元参与延长疼痛和维持对损伤部位额外刺激的撤离。一个复杂的想法是，Aδ 型伤害感受神经纤维阻断了疼痛的输入，而疼痛的输入只能通过激活 C 型伤害感受神经元来克服。这一概念被称作疼痛的闸门控制理论，最初是由 R. Melzack 和 P. Wall 提出的，"Pain Mechanisms: A New Theory", *Science* 150 (1965): 971-979。这一理论已经被修正，因为许多证据表明，有很多因素调节着疼痛冲动进入大脑；这些因素将在第 8 章讨论。

第4章　疼痛的分子神经生物学

崔 欢 **译** 王 涛 **校**

我们首先简要回顾一下学到的知识。19世纪后期，神经解剖学家们已经意识到周围神经负责传导感觉、支配运动，尽管他们煞费苦心地确定了每一根神经的分布，但对于这些神经是如何发挥作用的，仍然知之甚少。显微镜的出现和神经元的发现极大地推动了对于神经系统的研究。从聚焦于宏观解剖学发展到微观细胞神经生物学，他们最终确定了伤害信息是通过依次激活伤害性躯体感觉系统的一级、二级和三级伤害感受神经元来传递的。然而，即便知道了伤害性信号传导的途径，人们也无法解释这个系统是如何调节疼痛信号的。直到20世纪后半叶，分子生物学领域崛起，人们对于上述问题才有了更深入的理解。时至今日，神经科学家有史以来第一次可以在分子水平上研究特定的神经元功能及其机制。想要真正理解疼痛，我们必须仔细研究这些机制，因此，接下来的几章我们将专门讨论疼痛的分子基础。同时，我们还将阐述神经分子生物学领域的发现是如何为制药工业提供了开发镇痛药物的靶标。

一般来说，一级伤害感受神经元会对三种不同类型的事件做出反应，使我们感受到疼痛。第一类由刺破或损伤皮肤和皮下组织引起（如割伤或烧伤），导致了伤害性疼痛；第二类由切断、挤压等损伤主要神经及其内部轴突引起，导致了神经病理性疼痛，其损伤通常非常严重，修复过程漫长、复杂；第三类由炎症引起，炎症性疼痛的产生可不伴随上述两种疼痛事件独立存在。虽然以上三种损伤都会激活一级 C 型伤害感受神经元，但每种损伤在分子水平上都有其独特之处。我们将依次讨论这些损伤，首先从伤害性疼痛开始。

一、受体与通道：损伤部位的急性疼痛

我们感知外界不仅通过视觉、听觉等这些特殊感

第 4 章 疼痛的分子神经生物学

觉，也会通过位于皮肤真皮及其下层的伤害感受神经元外周轴突末梢。感知触摸、振动等形式的末梢被包裹于特殊的结构内，这些结构可以将刺激转换为动作电位（图 4-1）。一级 C 型伤害感受神经元与之不同，它的外周末梢是"裸露的"，这意味着它们直接暴露在

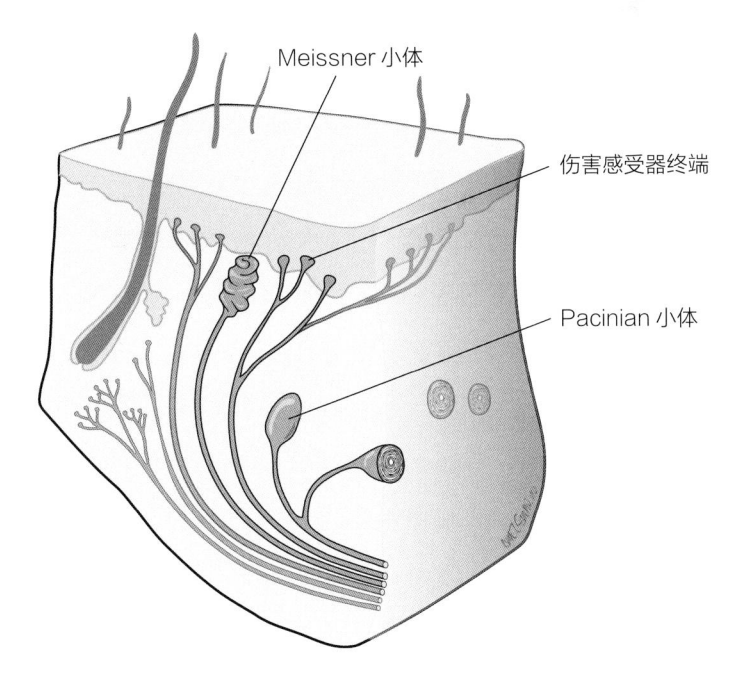

图 4-1 皮肤的三维视图。显示了伤害感受神经元周围突的末梢。感知触摸的神经末梢被包裹在 Meissner 小体中，感知振动的神经末梢被包裹在 Pacinian 小体中。而痛觉神经末梢是"裸露的"，直接暴露在周围组织的间隙中

周围组织的间隙中[1]。感觉神经末梢是周围突的终末膨大部分，其外层的膜作为屏障，将其与外部水环境隔开。那么受伤等外部事件是如何激活伤害感受神经元的呢？我们将外部事件的信息传递到细胞内部这一过程称为信号转导，了解这是如何发生的是理解疼痛的先决条件。

我们知道生物膜是由脂质双分子层组成的。脂质通常被称为脂肪，我们每天都在使用含有它们的肥皂和清洁剂来去除油脂和污垢。形成生物膜的脂质是一种特殊的类型，它们有一个亲水的极性末端和一个疏水的非极性尾部，极性端朝向细胞内外的水环境，疏水端面对面排列，朝向脂质双分子层的中央（图4-2）。膜外信息需通过跨膜蛋白以实现对神经末梢内环境的作用。这些跨膜蛋白的一端暴露于膜外，中间的短疏水段与脂质的非极性区域相互作用，另一端位于神经末梢的膜内。有些跨膜蛋白结构简单，仅跨膜1次，还有一些相对复杂，跨膜可多达7次。跨膜蛋白的膜外部分折叠成一个三维的立体结构，形成一个"口袋"，可以识别一种被称为配体的小分子。我们可以将两者的关系理解为，配体是钥匙，"口袋"则是锁眼。当配体与"口袋"

第4章 疼痛的分子神经生物学

结合时，导致蛋白构象立即发生变化，在一系列变化后引发信号转导。脂质膜极性基团朝向膜内外水环境、疏水端位于内部这一结构，使膜具有一定的流动性。因此，跨膜蛋白本质上是漂浮于脂质膜上，它们可以在膜平面上流动，与其他蛋白质结合并形成复合物，除非它们的膜内片段固定于细胞内某些组分上。

伤害感受器末梢的膜上存在两类跨膜蛋白。第一类为多亚基组成的离子通道蛋白，这些亚基嵌入膜中，在膜上形成中心具有孔道的复合物。这一孔道跨越膜两侧，从而使膜内外水环境相通。每个离子通道可以通过调节孔道的开放，选择性地透过钙离子（Ca^{2+}）、钠离子（Na^+）或钾离子（K^+）[2]。通常情况下，孔道处于关闭状态，但当配体结合时，某些离子通道中间的孔道就会打开（图4-2A），使离子快速流入（内流），配体被释放后，离子通道关闭，离子内流停止。参与调节Ca^{2+}内流的配体和离子通道尤其重要，因为它们引发了许多疼痛相关的重要事件。钠离子通道和钾离子通道与钙离子通道不同，它们是随着电压的变化而开放或关闭。这些电压门控通道相比之下要复杂得多，将在下文进一步讨论。

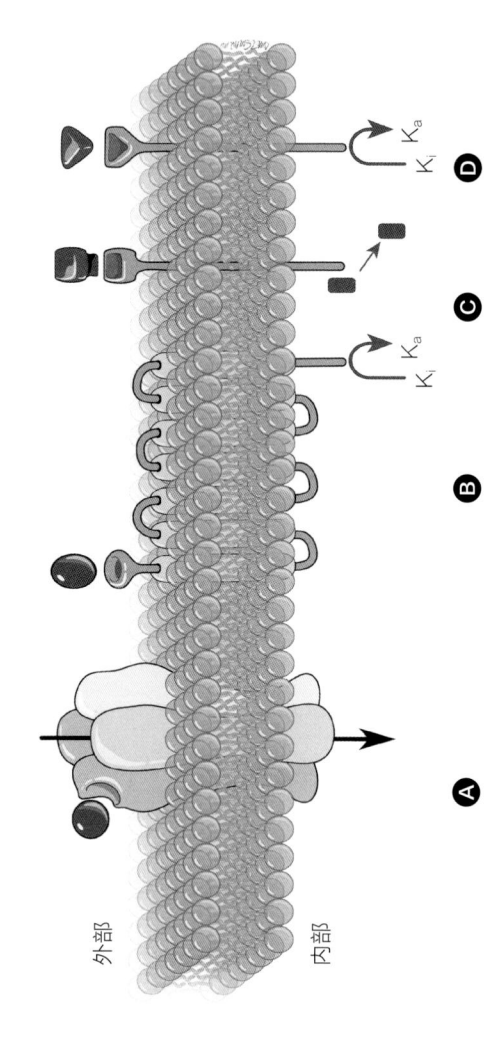

图 4-2 跨膜的受体蛋白跨越脂质双分子层,实现神经元内外环境之间的信息交流。当配体(圆形等)与受体外表面的一个位点结合,引起细胞内反应,产生信号转导

A. 配体门控离子通道,配体结合膜受体后,中央的门控通道打开(箭头),使离子通过细胞膜;B. 一种多次跨膜的复杂受体;C 和 D. 简单的受体类型,配体结合后可以激活激酶(K_i 到 K_a)或酶的释放(矩形),被激活的激酶和被释放的酶可以迁移到细胞的其他地方发挥作用

第4章 疼痛的分子神经生物学

神经末梢上的另一类跨膜蛋白是负责信号转导的受体。当配体与受体的膜外特定位点结合时，信号转导启动，受体的膜内片段发生构象变化，在神经末梢内触发大量事件，其中最常见的是激酶的活化（图4-2C和图4-2D）。目前已知的激酶超过500种，它们是一类可以将三磷酸腺苷（adenosine triphosphate，ATP）末端磷酸基团转移到靶蛋白上的酶，靶蛋白接受磷酸基团后，功能发生改变，这个看似简单实则非常重要的反应被称为磷酸化[3]。因此，配体和受体的结合实现了信号转导，使每个细胞能够在外部环境发生特定变化时，做出适当的反应。

痛觉神经元的末端有许多受体，每个受体都能对特定的细胞外配体做出反应。当配体与受体结合时，与受体相连的特定激酶就会被激活。例如，激酶对通道蛋白进行磷酸化后，离子可视情况发生内流或外流。对于疼痛信号的转导来说，蛋白激酶A（protein kinase A，PKA）、蛋白激酶C（protein kinase C，PKC）和蛋白激酶G（protein kinase G，PKG）在其中发挥了比较重要的作用。然而，由于激酶广泛存在于全身的许多细胞类型中，阻断它们的功能会产生许多严重的不良反应，因此，大多数激酶都无法作为镇痛药开发的合适靶点。接下来，我们将只讨论与疼痛相关且在其他细胞类型中表达量较低的激酶。

二、对针刺模型的回顾

为了了解神经末梢膜上的受体和通道相互作用来启动疼痛信号这一过程，我们先来回顾一下在第3章中讨论过的简单针刺模型（图4-3）。关于针刺模型，我们首先需要记住，针刺施加于右手手指，仅刺穿皮肤，对皮下组织造成一些损伤。我们已经知道，这个小伤会立刻引起手指的防御性缩回，以避免额外的伤害，然后我们会感受到被刺破的部位产生了急性、尖锐的疼痛。这种疼痛会很快消失，然后被我们抛之脑后。事实上，针尖刺破表皮后，使其下方的一些细胞破裂，导致细胞内物质释放到细胞外环境（如ATP）。ATP的合成发生于线粒体及叶绿体中，在葡萄糖或光能的驱动下，二磷酸腺苷连接上一个磷酸基团，于是便形成了ATP。ATP中"储存"的能量可以用来驱动细胞中其他地方的反应。如前所述，激酶是这些反应的催化剂。

第4章 疼痛的分子神经生物学

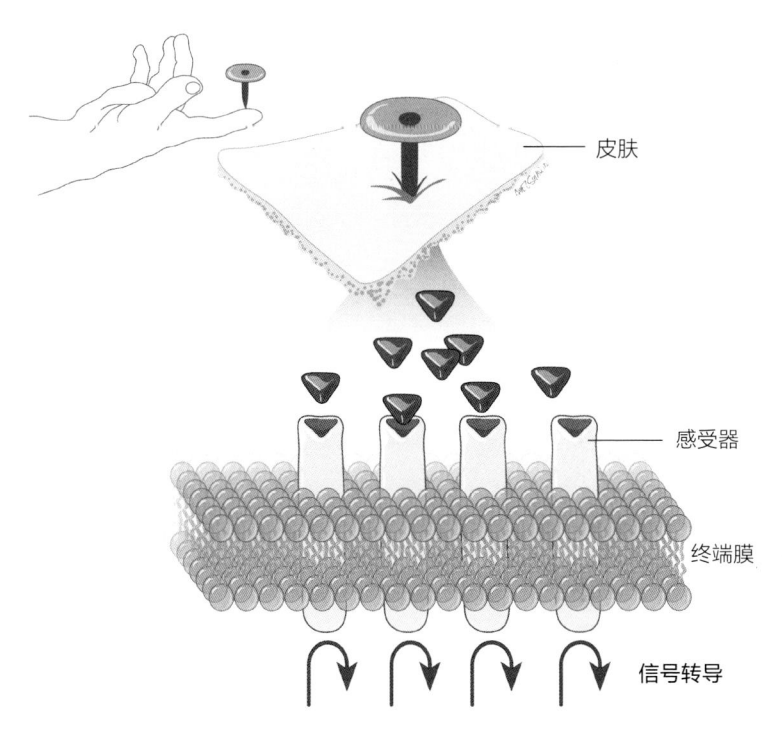

图 4-3 简单针刺模型

针刺破皮肤，皮下细胞破裂，释放 ATP（三角形），与神经末梢膜上的受体结合，使受体胞内片段的构象发生改变，从而激活了神经末梢的激酶等物质（弯箭）。上述信号转导这一过程将引起神经末梢内的变化，导致离子通道的开放和动作电位的产生

由于细胞内每秒发生的反应达数千次，ATP 是细胞内最丰富的成分之一，所以它在组织间隙的含量可作为细胞损伤的标志。因此，ATP 与神经末梢膜上受体的

结合可能是痛觉信号的来源。

更准确地说，神经元与其靶标的交流主要就是通过神经末梢 ATP 与其受体的结合，使信号转导启动，最终引发动作电位（电脉冲）。如第 3 章所述，动作电位将沿着躯体感觉系统的各个部分迅速传播。由于二级伤害感受神经元的轴突将在脊髓交叉至对侧，激活对侧的三级丘脑神经元，然后传导至对侧的大脑皮质。因此，右手手指被针刺后的疼痛信号将于左侧丘脑被感知，并通过左侧的感觉环路意识到疼痛信号来自于右手示指。

三、动作电位与疼痛的强度

其实，在针刺模型中还有一个很重要且值得我们思考的问题，那就是针刺引起的疼痛相对轻微，而更严重的伤害则能引起更强烈的疼痛，那么大脑环路是如何实现对疼痛强度的区分呢？其实，这一信息被蕴藏在受伤部位所诱发的动作电位数量中。考虑到它的重要性，我们接下来将更详细地研究动作电位的产生。

我们今天之所以能畅谈这些知识，这都离不开

Alan Lloyd Hodgkin 和 Andrew Fielding Huxley 的贡献。1952年，他们提出了一个模型，描述了动作电位产生及传播背后的离子机制，因此获得了1963年的诺贝尔生理学或医学奖。在这项开创性研究中，他们使用了鱿鱼的巨型轴突作为研究对象。不得不说，神经科学领域的许多进展都来自于对所谓简单的无脊椎动物的研究。动作电位是由离子的跨膜流动所产生的（图4-4）。在生理状态下，神经末梢膜内外 K^+ 和 Na^+ 的浓度有很大的差异，膜内的 K^+ 浓度大约是膜外的20倍，而膜外的 Na^+ 浓度约是膜内的15倍。这就在膜内外产生了 −70mV 的电势差，也就是静息电位。此外，离子的浓度差导致 Na^+ 有通过其离子通道流入膜内的趋势，而 K^+ 则相反，有外流的趋势。不过，在静息状态下，这些离子通道基本上都是关闭的，因此离子无法流动，我们也不会感觉到疼痛。但如果一旦受伤，损伤部位的ATP或其他有害物质与受体结合，钙离子通道打开，Ca^{2+} 内流，进一步开放一些钠离子通道使 Na^+ 内流，导致神经末梢的膜电位更高。如果 Na^+ 的流入超过阈值水平，使膜电位从 −70mV 升至 −55mV，那么会有大量的钠离子通道开放，使 Na^+

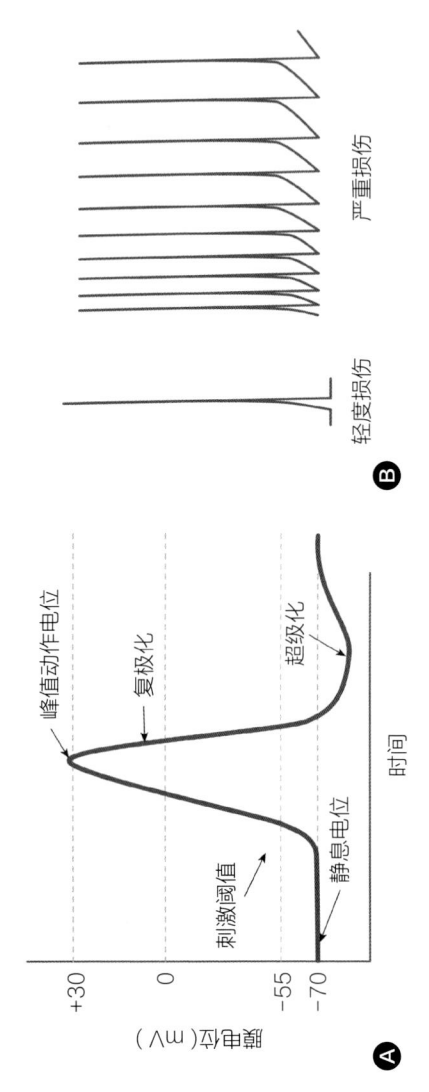

图 4-4 A. 动作电位，神经末梢的膜静息电位为 -70mV，受伤后发生一系列信号转导，使 Ca^{2+} 内流，进而导致一些钠离子通道开放，当电位变化到一个阈值时，更多的钠离子通道打开，使神经元细胞膜去极化，即动作电位的上升支，在达到 +30mV 的峰值，钠离子通道立刻夹闭，钾离子通道打开，K^+ 流出，导致膜超极化，即动作电位的下降支，最终恢复至正常静息电位；B. 轻微的伤害引发单个动作电位，而严重的伤害能够引发多个动作电位

流入，最终导致细胞膜的快速去极化。电生理学家可以在组织中植入微小的电极，通过示波器来监测、记录这些电位的变化。Na^+内流表现为膜电位的迅速上升（图4-4）。一旦Na^+流入超过阈值，就势必会形成一个完整的动作电位，这被称为动作电位的"全或无"特性。Na^+的流入可将膜电位升至约+30mV，即为动作电位的峰值，也被称为振幅。此时，钠离子通道开始关闭，钾离子通道打开，K^+流向胞外，使膜电位再次为负。该过程构成了动作电位的下降支。当膜电位下降到-80mV，细胞膜发生超极化。超极化过程十分重要，因为在此期间，无法引发另一个动作电位。此后，钾离子通道关闭，在钠钾ATP酶的帮助下，细胞膜恢复静息电位。而所有的这一切仅发生在千分之几秒内[4]。

钠离子通道和钾离子通道不仅表达于神经末梢，还分布在一级伤害感受神经元的外周突和中枢突上。当静息电位发生变化，这些通道也随之做出反应（即电压门控通道），因此当神经末梢产生动作电位后，邻近神经元突起的钠离子通道也将打开，导致该区域动作电位的产生，继而再激活其邻近区域[5]。外周神经末梢所产生的每一个动作电位，都会产生相应的等振幅动作电位，并且会一直传至脊髓。这种信号的传输速度极快，从皮肤的神经末梢到达中枢神经系统仅需百分之几秒。这样的传导速度十分重要，因为它使机体能够及时意识到受伤的发生[6]。动作电位的传导就像流经导线的电流一样，它实现了外周与脊髓、大脑的快速交流。

对我们来说，最重要的是要记住，受伤引发的疼痛信息与动作电位的数量相关，而与动作电位的振幅无关，且动作电位沿着一级伤害感受神经元的突起传导时，其振幅也不会衰减。当然，疼痛的强度也取决于被激活的一级伤害感受神经元的数量。

四、突触和损伤反应

我们知道，一级伤害感受神经元的中枢突在脊髓背角内分支，其中一个分支与神经元进行交流，介导缩手反射，另一个分支则激活二级伤害感受神经元，其轴突上升至丘脑，导致局部出现短暂的疼痛。当然，我们现在知道了这两者的发生都依赖于沿着中枢突传导的动作电位。然而，动作电位仅仅是电信号，要真

第 4 章 疼痛的分子神经生物学

正理解它们如何影响其他神经元，我们还需要谈一谈突触这一结构及其功能。突触位于中枢突与下一级神经元发生联系的部位。中枢突的末端形成突触前部，与其效应细胞树突所形成的突触后部紧密相连（图 4-5），两者之间为突触间隙。

突触前部、突触后部与突触间隙共同构成了化学突触[7]。20 世纪后半叶，科学家们对突触的形态结构及其功能的分子机制进行了细致的研究。神经元轴突末端膨大形成突触前部，其内充满许多含有神经递质的小囊泡，而多种不同的神经递质决定了突触的特定功能。总而言之，动作电位使 Ca^{2+} 流入突触前部，导致囊泡与突触前膜融合，囊泡的递质释放到突触间隙中，这一过程被称为胞吐作用（图 4-5）。接下来，神经递质在突触间隙内弥散，结合到突触后膜的受体上，使效应细胞行使它的功能。

现在让我们来仔细思考一下，当针刺部位产生了动作电位，并传导至一级伤害感受神经元中央突的两个分支时会发生什么呢？首先，神经递质会释放，通过突触作用于中间神经元，诱发其动作电位，然后再经突触传导至运动神经元并产生动作电位，动作电位

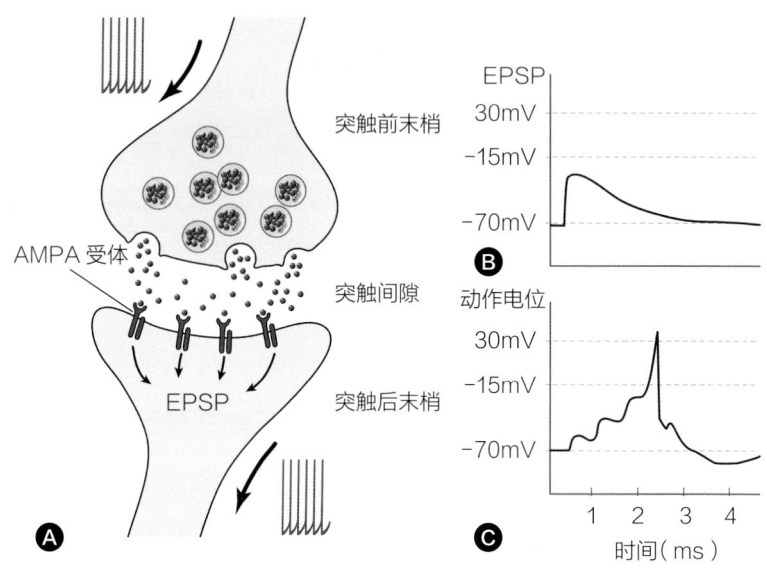

图 4-5　突触的结构及功能

A. 图示内含神经递质囊泡的突触前部、突触间隙、突触后部及其膜受体（AMPA 受体）；B. 突触后部产生的兴奋性突触后电位（EPSP）；C. 三个 EPSP 累积诱发动作电位

将沿着运动神经元的轴突，即正中神经的分支，进一步传导至下一突触，导致乙酰胆碱（横纹肌的神经递质）的释放，从而导致示指屈肌的收缩。这就是针刺能够诱发缩手反应的机制。

那么，既然如此，为什么一级伤害感受神经元的中枢突不可以直接与大脑相连，而是需要先通过突触

第4章 疼痛的分子神经生物学

传至二级伤害感受神经元呢,这个突触是必要的吗?其实,这是因为经化学突触所传递的信息是可以被调节的,对于一级与二级伤害感受神经元间的突触尤其如此。事实上,一级和二级伤害感受神经元之间的突触是调控疼痛信息的关键部位,因为这是传至丘脑前的"闸门"。为了更好地理解这个过程,让我们先来看看针刺后这一突触发挥了怎样的功能。

一级伤害感受神经元中枢突末梢的突触小泡内含有谷氨酸,而谷氨酸正是产生痛觉的主要神经递质。当针刺诱发的动作电位传至中枢突末端时,它们激活了突触前部的小囊泡,使其与突触前膜融合,将谷氨酸释放入突触间隙,谷氨酸进一步扩散到二级伤害感受神经元的突触后膜,然后被膜上的 AMPA 受体识别并结合(图 4-5)。这类受体与我们之前讨论过的有所不同,虽然其中央也具有一个离子通道的结构,但该离子通道需要由配体所激活,而非电压变化。我们将其称之为离子型受体。AMPA 是介导痛觉信息传导的关键受体,其与谷氨酸的结合直接导致了离子通道开放,Na^+ 内流,而且谷氨酸的浓度将决定 AMPA 受体离子通道的开放时间。相比于电压门控通道,

AMPA受体通道开放和关闭的持续时间都非常短。当Na^+流入突触后膜，膜内的正电荷增加，即膜电位增加，兴奋性突触后电位（excitatory postsynaptic potential，EPSP）产生（图4-5）。由AMPA受体离子通道开放所产生的EPSP，其电位大小取决于谷氨酸的浓度，但单个突触后膜内的EPSP是可累加的，当它们累积达到阈值时，二级伤害感受神经元就会产生动作电位，继续传导至三级丘脑神经元，使人们感知到针刺带来的疼痛，并通过"感觉小人"图（sensory homunculus）将疼痛定位于示指被刺痛的部位。我们还需要注意的是，由损伤部位传入的动作电位数量与释放的谷氨酸浓度和向大脑输出的动作电位数量均相关。相比于轻微的针刺损伤，严重受伤后的机体反应更加复杂巧妙，我们将在下一章详细讨论。

五、钠离子通道

我们之前刚刚讨论过，谷氨酸与其离子型AMPA受体的结合可以产生动作电位，介导疼痛信息，但不得不说，在痛觉中最重要的通道还是电压门控钠离子

第4章 疼痛的分子神经生物学

通道，它是动作电位沿轴突传导的基础。虽然，科学家们在20世纪后半叶才意识到钠离子通道对疼痛有着至关重要的作用，但其实早在数十年前，相应的药物便已开发使用，只是当时还不知道钠离子通道是这些药物作用的靶点，现如今钠离子通道相关药物已经成为疼痛管理中不可或缺的一部分[7]。在1905年，阿Alfred Einhorn合成了一种非常有效的局部麻醉药——普鲁卡因。普鲁卡因的药效能够持续约30min，注射后，注射点周围的感觉丧失，但对神志无任何影响。紧接着，许多其他"卡因"衍生物也随之出现，但因其麻醉时间短，且外科医生偏好全麻等原因，所以这些药物并不能实现其应用的初衷，即术中镇痛。不过，对口腔科来说，利多卡因等药物的开发是一个福音，因为它们使钻牙不再痛苦。

普鲁卡因的相关衍生物都是亲脂性的，它们通过阻断钠离子通道来发挥作用。例如，利多卡因作为一种有效的麻醉药，能且仅能阻滞电压门控钠离子通道，如果两者之间具有因果关系，这无疑是令人兴奋的，因为这意味着长效的钠离子通道阻滞药将可能成为持续疼痛患者的"灵丹妙药"。正如许多尝试开发"灵丹妙药"的情况一样，实际遇到的困难要比预期多得多。

在这些困难中，最核心的问题是电压门控钠离子通道存在许多不同的类型[8]。一个典型的钠离子通道由α亚基和β亚基组成（图4-6）。α亚基结构非常复杂，具有多个跨膜结构域，且其在人体中，共有9种不同的亚型。每个α亚基都在电压感应器附近构成了一个离子通道，且其膜内的序列上具有多个可调节通道活动的位点。而β亚基主要负责调节通道的整体功能。

电压门控钠通道家族因包含9种不同特性的α亚基，因此被神经科学家命名为$NaV_{1.1}$~$NaV_{1.9}$。鉴于由损伤所引起的各物质合成及释放将激活不同的激酶途径，并选择性地磷酸化离子通道上的独特位点，因此，理论上，这些位点都可以作为阻断该通道的靶点，用以阻滞其介导的疼痛信号。其中，$NaV_{1.7}$和$NaV_{1.8}$在上述研究中备受关注，因为它们都表达于一级C型伤害感受神经元，且$NaV_{1.7}$分布在其神经末梢上。$NaV_{1.8}$也十分特别，因为它对河豚毒素（tetrodotoxin，TTX）具有抗性，而且$NaV_{1.8}$的磷酸化与疼痛的增强有关[9]。

究竟选择$NaV_{1.7}$还是$NaV_{1.8}$用来开发位点特异性

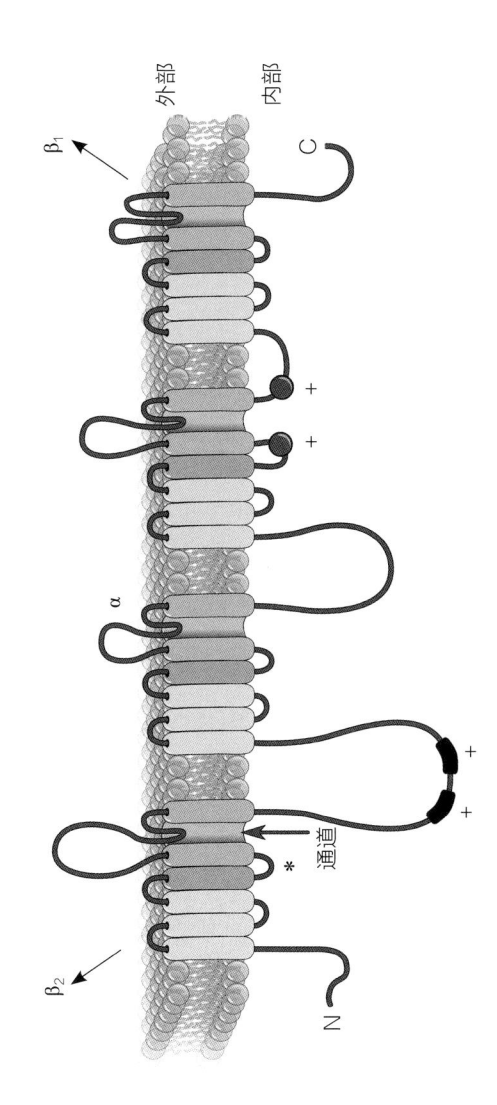

图 4-6 电压门控钠通道的 α 亚基。α 亚基多次跨膜,形成胞内环及胞外环。它与 β 亚基相互作用,并在电压感应器(*)附近构成钠离子通道。其胞内环上具有多个可调节通道活动的位点(+)。需注意,α 亚基的两端均位于胞内,这与跨膜受体蛋白不同(更多细节请参见注释[8])

的磷酸化抑制药，现如今仍是一个悬而未决的问题。这是因为目前的研究对于两者在疼痛中的重要性尚存在争议。对于$NaV_{1.7}$来说，最有力的证据是大量临床研究表明$NaV_{1.7}$与人类的阵发性疼痛障碍有关，此外$NaV_{1.7}$的先天性突变可使$NaV_{1.7}$失活，并完全消除了由尖锐物体或灼热物质等刺激引起的任何疼痛感。尽管在临床上证实了$NaV_{1.7}$的重要性，但在实验室开展相关研究时却发现，调节$NaV_{1.7}$及Na^+内流比预想中要复杂得多。因为参与Na^+内流的胞内环磷酸化位点及其激酶众多，这也就意味着Na^+的大量内流是多个位点磷酸化的共同作用，因此，阻断单一位点的方法是行不通的。那么，钠离子通道的这种复杂性是必要的吗？答案是肯定的，因为动作电位的产生将会引发后续一系列变化，所以机体必须通过多个位点对钠离子通道的开放与关闭进行严格的管控。

注 释

[1] 感觉神经元的细胞体之间存在差异，但它们的功能是由其终末发生的事情决定的。因此，对深触、轻触、拉伸、正电子感觉等做

第4章 疼痛的分子神经生物学

出反应的神经元都与包裹终末的复杂结构相关联,并将特定的刺激转换为启动动作电位的事件。我们"感知"环境的能力受制于每个感受器反应的相对较窄的范围。伤害感受神经元的末端,可能还有那些与瘙痒有关的神经元,直接暴露在周围环境中,因此处于独特的位置,能够对损害周围组织细胞的损伤做出反应。

[2] 离子是一个或一组携带净正电荷(+)或净负电荷(-)的原子,正负电荷的符号用上标来表示。一些离子(如 Ca^{2+}),带有2个正电荷。这与极性的概念不同,在极性的概念中,由于电子的不平等共享,分子的一端更具正性或负性。

[3] 一种激酶(和许多其他酶)的激活是受到严格控制的,因为激活的酶将催化反应,从而从根本上改变细胞的性质。因此,激酶的活性部位,即催化反应的氨基酸序列,是不可轻易接触到的,因为它折叠在蛋白质的三维构象中。暴露在激酶表面的是一个小的、特定的配体结合部位。当配体结合到该位点时,它会引起构象变化,从而使蛋白质展开,暴露出活性区域,催化活动开始。

[4] 这种对动作电位的描述足以理解电信号如何将信息从病变部位传递到大脑。有关动作电位背后的分子机制,以及如何测量这些过程的更详细的解释,读者可以查阅任何生理学教科书。网上也有非常好的视频,展示了动作电位是如何产生的。

[5] 钠离子通道在神经系统的信息传递中起着极其重要的作用。有关它们的激活和功能的概述,请参见:T. Scheuer, "Regulation of Sodium Channel Activity by Phosphorylation", *Seminars in Cell and Developmental Biology* 22, no. 2 (2011): 160-165.

[6] 动作电位沿着轴突传播的速度取决于轴突有髓鞘的程度。髓鞘是一种脂类和蛋白质的复杂混合物,由包围和保护轴突的神经胶质细胞合成。髓鞘的数量越多,传播速度就越快。运动神经元的

轴突有大量的髓鞘，而伤害感受神经元的轴突髓鞘不多。髓鞘在疾病状态下很重要。读者应该参考这篇出色的综述：K. Susuki, "Myelin: A Specialized Membrane for Cell Communication", *Nature Education* 3 (2010): 59.

[7] 一些神经元通过电突触进行交流，在电突触中，动作电位直接激活多个跟随者细胞，而不是中断。电突触不受调控，它们允许单个神经元激活大量的跟随者细胞，从而产生整体效应。这对腺体释放激素或其他物质很有用。化学突触提供了一种更加集中和离散的交流方式，并且受到严格的控制。

[8] 想要了解钠离子通道的复杂作用，请参阅：S. R. Levinson, S. J. Luo, and M. A. Henry, "The Role of Sodium Channels in Chronic Pain", *Muscle & Nerve* 46 (2012): 155-165.

[9] 河豚毒素是一种在河豚肝脏中发现的极强的神经毒素。河豚肉在日本是一道美味佳肴，但必须经过特殊处理才能避免中毒。此外，潜在的危险可能会增强体验。

第5章 适　应

唐珂韵 **译** 王　涛 **校**

一、痛觉的适应

前面几章描述了示指在针刺反应中所涉及的一些相对简单的分子机制。所有反应都在受伤的几秒钟后发生，伤害轻微，故痛觉减轻得相对较快。而在示指遭受更严重的损伤时，自然会产生更严重的后果，因为痛觉更剧烈且持续时间更长。人们或许会猜测，更严重、持久的痛觉涉及不同的伤害感受神经元群，但这种猜测并不正确。一级、二级和三级伤害感受神经元负责产生急性疼痛觉，也会导致持续性疼痛，且两者传导痛觉至丘脑和皮质的回路也相同。一个相对简单的系统如何确保疼痛的强度和持续时间与损伤的严重程度相匹配呢？答案是一个称为"适应"的过程调节了痛觉反应。适应是神经元可塑性的一种形式[1]，是神经系统适应外界事件的固有能力。

痛觉感知的适应性调节发生在外周神经末梢，以及一级和二级伤害感受神经元间的突触。这两个部位的适应性调节不仅是感觉传导通路的神经元的固有属性，也会被外部信号所调控，外部信号在调节中的重要作用将会在第 8 章中介绍。为了更好地理解在外周神经末梢发生的调节，不妨将此过程与电路的开关类比，我们通过开闭开关来控制电路中的电流，从而控制灯泡的点亮与熄灭。若我们想更好地调控灯光，可以将开关改装为变阻器，这样灯泡不仅只有开和闭两种模式，还可以变换明暗。神经末梢细胞膜的动作电位产生的阈值也可以像变阻器一样被调控，通过增减痛觉所诱发的动作电位的数量，来调节痛觉的严重程度和持续时间。痛觉适应的本质是通过调节一级和二级伤害感受神经元固有受体和通道的功能，来调节对痛觉的感知。

二、外周神经末梢对严重损伤的反应

慢性疼痛的产生可以视作痛觉的适应过程出现问

题，因此人们耗费精力研究适应相关的分子机制。当右侧示指被重度割伤时，示指的内部组织被严重破坏。割伤较针刺破坏了更多的细胞，因此细胞释放的ATP将远高于针刺后水平。我们可以基于此预测：首先，割伤后神经末梢将产生更多的动作电位；其次，动作电位产生的电流将传播至脊髓，在激发手指缩手反射的同时，诱发二级伤害感受神经元的动作电位；然后，二级伤害感受神经元中的动作电位将传递至丘脑，从而产生较针刺更强烈的痛觉；最后，大脑感觉皮质感知信号，将伤害感受的部位定位于右侧示指。读者们或许对以上所描述的过程感到熟悉，因为这些过程与示指被针刺后所描述的传导路径完全相同。但其中一个显著的区别在于疼痛的持续时间将显著增加，手指在遭受重度损伤后，人必须意识到损伤的存在，并保护手指直到愈合。疼痛将持续数小时、一天乃至更长时间，而非针刺后的数分钟或数小时。痛觉通路中的神经元如何完成对伤害严重程度的适应？这个问题有趣而复杂。

在割伤后，除了细胞释放更多的ATP到周围组织（图5-1），神经末梢本身也会释放更多的自身化合物，其中的两种化合物——降钙素基因相关肽（calcitonin gene-related peptide, CGRP）和 P 物质会增加周围血管的通透性，从而导致损伤周围区域的红肿。血液循环中的肥大细胞也会募集于损伤部位，合成前列腺素前体，这些前体物质在介导疼痛信号产生中作用显著。上述生

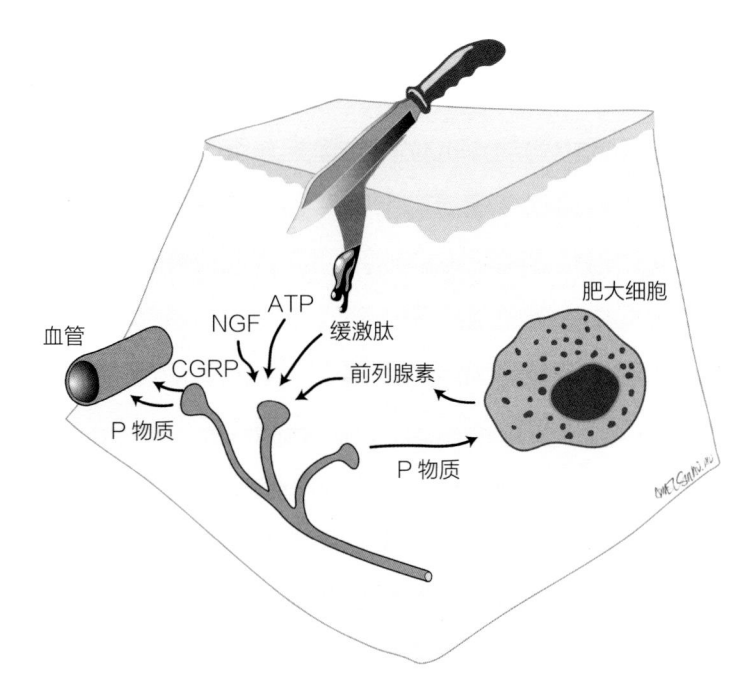

图 5-1 皮肤深度割伤将激发伤害感受神经元末梢释放分子化合物，募集至此的免疫细胞同样也会释放一些分子，这些分子将显著改变损伤部位的微环境，诱发动作电位的产生，并传播至脊髓和大脑皮质

CGRP. 降钙素基因相关肽；NGF. 神经生长因子；ATP. 三磷酸腺苷

理变化均直接继发于损伤。免疫细胞也会聚集于损伤部位，并中和潜在的病原体、清除损伤组织碎片，细胞释放的神经生长因子（nerve growth factor，NGF）和其他化合物将介导炎症产生。因此，一级伤害感受神经元末梢周围聚集了损伤后的各种分子化合物（图5-1）。第 7 章中将介绍疼痛最重要的炎症介质。一些分子可能会直接扩散至周围神经末梢，激发未直接损伤的伤害感受神经元，更多的神经元向脊髓发送疼痛信号，这将扩大损伤反应和疼痛区域。目前我们重点关注的是降钙素基因相关肽和 P 物质这两种化合物，它们是镇痛药开发的重要潜在靶点。

三、缓激肽

缓激肽在介导疼痛信号产生过程中有多种作用。缓激肽是一种九肽（即 9 个氨基酸组成的单链），由损伤部位的大分子血浆蛋白前体裂解[2]。缓激肽与感觉神经元末梢胞膜表面的跨膜受体结合，启动酶的级联反应。级联反应激活了细胞中的激酶，从而催化 ATP 的三磷酸末端转移至电压门控的钠离子通道位点上。

这个简单的反应产生了十分重大的影响，它降低了钠离子通道的阈值，因此，通道会对之前不会产生动作电位的刺激做出反应，即产生动作电位，也就是致敏神经末梢[3]。钠离子通道的磷酸化是翻译后修饰的一个实例。翻译是将氨基酸组装为蛋白质的过程，该过程发生在神经元的细胞体中。因此，翻译后修饰是对已存在于细胞中的蛋白质的修饰，这种修饰可发生于神经元的任意部位。翻译后修饰很容易被逆转，因此它们的作用是短暂的。例如，在该过程中，磷酸酶可以解离通道和受体上的磷酸基团，从而使系统恢复至未产生损伤反应前的状态。

缓激肽与下游受体的结合除了可以直接致敏神经末梢外，还激活了磷脂酶，磷脂酶分解细胞膜中的磷脂，生成并释放花生四烯酸至损伤周围区域。肥大细胞吸收花生四烯酸后，细胞中的环氧合酶（cyclooxygenase, COX）对其进行修饰并生成前列腺素（图5-1）。前列腺素可进一步致敏神经末梢，从而加剧疼痛。环氧合酶可被水杨酸衍生物所抑制。乙酰水杨酸，通常我们称作阿司匹林，是一种水杨酸衍生物，或许是世界上最有效且最为广泛应用的镇痛药物。它的镇痛作用在

1000年前被人们发现，那时的医生利用柳树皮的提取物镇痛。柳树属于柳属，而柳树皮中含有水杨酸。阿司匹林镇痛的机制现已明晰。

四、神经生长因子

神经生长因子（NGF）是参与痛觉适应的另一个关键因子，它也是一种小肽，同样从一个较大的前体中裂解释放，NGF存在于许多不同类型的细胞中。这种因子的命名或许有些不妥，最早认为NGF可在胚胎发育期间促进神经元生长，而在成人中这种作用已消失，取而代之的是促进疼痛相关信号产生[4]。给予皮肤NGF，将会在1~3h内诱导疼痛产生，NGF已成为制药行业研制镇痛药的重要目标。当NGF被释放至损伤区域时，会介导疼痛信号的产生，并在短期痛觉和长期痛觉感受中发挥显著作用。NGF在痛觉传导的作用由膜受体（TrkA）介导，TrkA选择性表达于一级伤害感受神经元的外周末梢，以及募集于损伤部位的肥大细胞表面。NGF与肥大细胞的TrkA受体结合后，会引起组胺和5-羟色胺的释放，从而促进炎症相关疼痛产生。

综上，由缓激肽和 NGF 介导的细胞相关事件导致外周神经致敏，是一种重要的疼痛适应模式，部分解释了两种重要的疼痛相关现象。第一种是痛觉超敏，即对通常不会引起疼痛的刺激的痛觉反应。例如，在正常状态下仅触摸皮肤不会引起疼痛，而在有针孔或伤口的区域触摸皮肤则会非常疼痛。第二种是痛觉过敏，即通常会引起一些疼痛的刺激会让原有的疼痛加剧，如按压受伤部位。因此，痛觉超敏和痛觉过敏反映了系统根据损伤的严重程度微调疼痛水平和疼痛程度的能力。

外周神经的致敏作用能持续多久尚不明了，这种作用最有可能是暂时的。研究表明，缓激肽的作用只能持续几分钟，许多由损伤引发的神经末梢的剧烈变化是翻译后修饰的结果。上文提及的一个例子是激酶对钠离子通道的翻译后磷酸化。由于磷酸酶可解离磷酸基团，并将离子通道恢复至正常静息状态的活性水平，因此，翻译后修饰是短暂的，也是容易逆转的。通过激酶介导的磷酸化启动细胞活动，并通过磷酸酶介导的去磷酸化终止细胞活动，是细胞能够快速适应

第5章 适应

外界条件变化的一种方式。

五、并非所有疼痛都相同

迄今为止，我们已经解释了损伤部位的信号如何被感知为痛觉，然而痛觉信号的性质以及传递至大脑的时间顺序各异。需再次以示指重度割伤为例，来完善我们对疼痛的理解，这次我们将重点关注疼痛的性质。在重度割伤时，第一反应是高度局限的、急性的刺痛，然后是更为广泛的剧烈疼痛，可表现为钝痛、抽痛或灼痛。如上文所述，第一种疼痛会迅速消失，并且镇痛药效果明显，通常不令人担忧。而第二种疼痛更为严重，通常我们认为是由一级 C 型伤害感受神经元所介导的。而这并不代表我们已完全理解外周神经末梢所发生的事件是如何介导不同类型疼痛的产生。例如，最近发现了皮肤下的神经胶质细胞网络。大多数神经胶质细胞与神经元密切相关，但皮肤下的胶质细胞网络似乎是独立的，并在机械损伤（如挤压伤）引起的疼痛中起着重要作用。我们还需要进行更多研究来理解该过程的产生机制，由于这些神经胶质细胞与中枢神经系统没有任何联系，因此，它们必须通过对一级伤害感受神经元的神经末梢施加影响来发挥作用，于是我们再次将目光投向C型伤害感受神经元。首先，它们被致敏外周神经的上游事件激活，这种神经元对于我们理解持续性疼痛和慢性疼痛最为重要。其次，缺乏C型伤害感受神经元的个体具有先天性的疼痛缺失或对疼痛的敏感性降低。最后，C型伤害感受神经元对化学刺激和热刺激做出反应，并传递烧灼痛的信息。烧灼痛通常与慢性疼痛相关，因此我们将研究C型伤害感受神经元的相关机制。

六、热痛

动物的生存能力取决于它们检测、避免可能导致自身伤害的情况。在前面的章节中，我们已讨论刺破皮肤和损伤内部组织的反应。极端的温度也会损伤组织并引起灼痛。人类如何感知温度是一个让古希腊和罗马哲学家着迷的有趣问题，直到最近我们才确定了其中的关键组成部分。研究证明，人类通过感觉神经元末梢细胞膜上的一系列瞬时受体蛋白香草

第5章 适应

酸（TRPV）通道来感知温度变化[5]。当这些通道感知温度变化并开放时，离子流入神经末梢并导致动作电位的产生。动作电位的数目随着温度的升高而增加。一些TRPV亚家族通道会对通常认为是正常范围的温度产生反应，温度上限为43℃（109℉）。而另两个TRPV通道至关重要，因为它们只可能在导致组织损伤的温度下被激活。TRPV$_1$在40～50℃（104～122℉）被激活，而TRPV$_2$在50～60℃（122～140℉）被激活。43℃（109℉）接近人类的痛觉阈值，也接近C型伤害感受神经元的激活阈值。TRPV$_1$存在于C型伤害感受神经元的末梢，其在病理性疼痛状态（如纤维肌痛和带状疱疹后遗神经痛）下与烧灼痛产生相关，并在炎症反应中发挥作用，因此得以广泛研究，TRPV$_1$的作用将在第7章详细叙述。

TRPV$_1$和此前所讨论的钠通道一样，是一种跨膜蛋白复合体。然而，与钠离子通道不同，TRPV$_1$是一种温度控制的离子通道，在其温度阈值下打开并使Ca^{2+}进入神经末梢。Ca^{2+}进入神经末梢后，可触发钠离子通道的激活和动作电位的产生。此外，随着皮肤温度的升高，TRPV$_1$通道激活的阈值降低，这意味着该通道变得敏感。因此，常规激发少量动作电位、导致轻微疼痛的温度，在 $TRPV_1$ 通道致敏后，该温度会导致更剧烈的疼痛，因为该情况下会有更多的动作电位产生。我们很容易理解热痛觉过敏。例如，即使是轻微的热量作用于晒伤后的皮肤，也会较未晒伤的皮肤引起更多的疼痛。大多数人都体会过吃辣椒时的灼热感[6]。这种灼热感归因于辣椒素的存在，这是辣椒中的一种天然成分，也是 $TRPV_1$ 通道的直接激动药。辣椒素可在人体内引起强烈的烧灼感，但在高浓度下，辣椒素会迅速使 $TRPV_1$ 脱敏，即离子通道关闭，该过程的具体机制尚在研究。临床工作中，医生们利用辣椒素这一不同寻常的特性，缓解各种情况下的疼痛，如骨关节炎、纤维肌痛和周围神经病变。轻微损伤引起的疼痛通常可以通过涂抹含有少量辣椒素的面霜缓解。

直接烧伤除了会激活 $TRPV_1$ 外，也会导致热痛觉过敏；我们清楚地认识到即使是轻度高温也会导致受伤部位的疼痛。人类在进化过程中演变出应对严重威胁的不同机制，拥有备份系统可增加生存机会，这是绝佳的进化结果。因此，$TRPV_1$ 能被缓激肽和 NGF

激活并不令人惊讶。研究表明将缓激肽注入人体皮肤会产生剂量依赖性的疼痛和热痛觉过敏。其机制正如我们所预测：缓激肽与神经末梢膜上受体结合，从而激活激酶使 TRPV$_1$ 磷酸化，改变其结构，使得 TRPV$_1$ 在较低温度下便会开放，调控 Ca^{2+} 内流，并产生更多动作电位。

NGF 的功能更为复杂，因为它通过两种方式影响 TRPV$_1$ 的功能。第一种方式涉及 NGF 与其 TrkA 受体的结合，接着是熟悉的激酶激活、TRPV$_1$ 磷酸化和 Ca^{2+} 内流增加的相关机制。第二种方式则更为新颖，基于位于神经末梢内部含有的小囊泡，其细胞膜上有 TRPV$_1$ 通道。损伤反应后，NGF 与 TrkA 的结合导致囊泡运动及其与末梢细胞外膜的融合，从而增加了末梢表面 TRPV$_1$ 通道的数量，又导致了更多动作电位产生。这两种机制中哪一种更重要尚不清楚，但清楚的是，热痛觉过敏是持续性烧灼痛的重要伴随产物，TRPV$_1$ 是这一过程的核心组成部分。因此，开发一种阻断 TRPV$_1$ 的药物是预防或减轻这种持续性烧灼痛的重要努力方向。药物研制的一个主要问题是 TRPV$_1$ 存在于许多组织中，如尿路、膀胱、胃肠道和中枢神经系统的许多区域。它在这些组织中的功能尚不清楚，任何抑制 $TRPV_1$ 的药物都很可能有显著的不良反应。另一个问题是该药物必须以 $TRPV_1$ 为唯一靶点，否则会干扰其他 TRPV 家族成员的功能，并干扰对非有害温度的反应。可以想象，设计具有高特异性的靶向药物是非常困难的。

七、脊髓中的适应

疼痛的最重要的两个参数是其强度和持续时间。我们已详细讨论了损伤可通过改变诱发动作电位的数量来编码疼痛强度。而神经系统如何调节疼痛的持续时间则更为复杂，这在慢性疼痛方面有明显的应用前景。我们可以肯定，外周致敏在维持疼痛中发挥重要作用，因为它允许在损伤造成的初始疼痛爆发后的很长一段时间内，一个微小的刺激即可诱发动作电位。

这解释了为何仅仅触摸（痛觉超敏）或压迫（痛觉过敏）被割伤的手指会导致疼痛。然而，外周致敏理论并未完全解释为何手指割伤的疼痛比针扎的疼痛持续时间更长。

研究表明，痛觉过敏和痛觉超敏的产生也需要改变一级和二级伤害感受神经元之间突触的电生理特性。与致敏外周神经末梢的过程一样，这些变化也使得突触敏感，使得从损伤部位到达二级伤害感受神经元的动作电位数量增加，从而增加丘脑被激活的程度。在提及这种适应增强时，需了解两个术语。其中一个术语是"中枢致敏"，它包含范围更广，即不区分是神经元固有的调节过程，或者是外部信号所施加的调控，而囊括了伤害感受神经元的所有变化。外部信号环路在疼痛调节过程中非常重要，具体将在后续章节中讨论。另一个术语是"长时程增强"（long-term potentiation，LTP），指的是疼痛传导中突触强度增加，是由于一级C型伤害感受神经元与其二级伤害感受神经元靶点之间的突触发生变化所致。LTP对痛觉超敏的产生至关重要。

八、长时程增强

接下来的数段中描述的内容，神经科学家花了数十年的时间方完成解读，并依赖于高度复杂的仪器和分子探针的开发，此过程有些类似于神经元微观世界的揭露依赖于显微镜和显微染色技术的发展。LTP可分为早期和晚期，且每一个阶段在疼痛的持续时间中都发挥特定作用。早期LTP使突触迅速致敏，并与外周致敏共同作用，这可以解释损伤后最初产生的痛觉超敏和痛觉过敏。晚期LTP实际上通过改变神经末梢的蛋白质组成来延长致敏作用。为了了解这些变化如何发生，下文将详细解读突触的功能。

我们从针刺模型中了解，最初的动作电位爆发将导致突触前膜谷氨酸的释放。谷氨酸将与突触后膜上的AMPA离子通道受体结合，若后膜的去极化达到阈值，将在二级神经元中产生动作电位。结果是针刺会立即产生疼痛。但如何解释在几分钟甚至几小时后仍然会感到疼痛，特别是针刺区域被触碰时？答案是在早期LTP时，NMDA受体的激活会导致持续性疼痛。

NMDA受体也存在于突触后末端的膜中（图5-2）。与AMPA受体一样，NMDA受体也是离子通道型，但不同之处在于NMDA更倾向于转运Ca^{2+}，而非Na^+。此外，通道被紧密结合的Mg^{2+}阻滞。在对针刺引发的动作电位产生的一系列连锁反应后，突

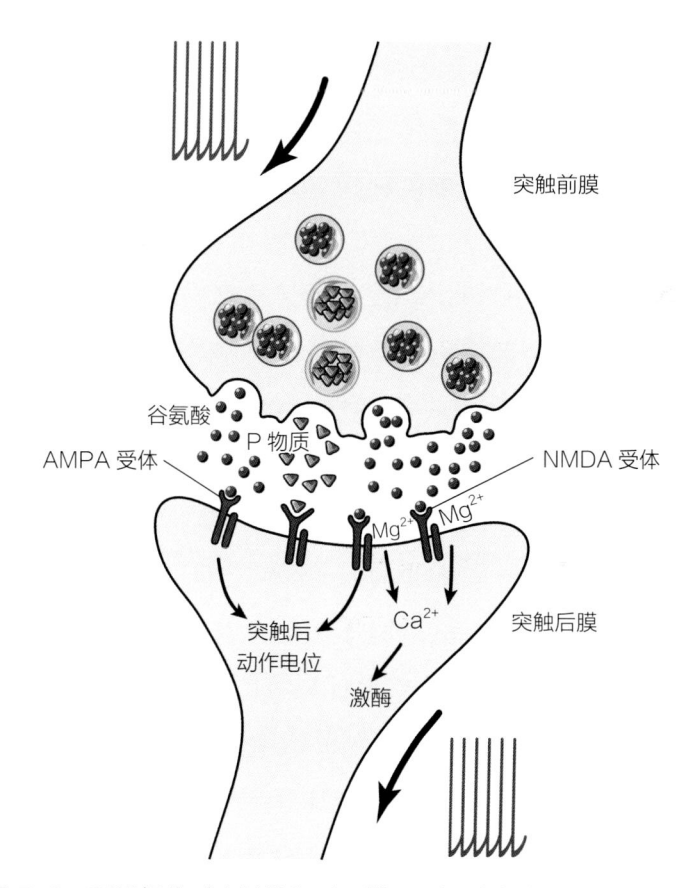

图 5-2 严重损伤时突触的长时程增强。经过连锁反应,从损伤部位到达突触前膜的动作电位可导致谷氨酸和 P 物质的释放,以及它们在突触后膜的各自受体的激活。由此产生的去极化效应足以消除 Mg^{2+} 阻滞,从而激活 NMDA 受体,Ca^{2+} 通过 NMDA 受体内流,致敏该突触

触后膜产生的强烈去极化可消除 Mg^{2+} 阻滞 [7]。去除 Mg^{2+} 阻滞可使 Ca^{2+} 内流，从而激活激酶，使膜结合受体和离子通道磷酸化。以上所有事件的总和将导致突触更容易传导突触前膜传入的动作电位，即突触被致敏。

结合之前的知识，让我们思考在针刺的区域会发生什么变化。正常情况下的某个刺激不会诱发任何动作电位，也不会诱发疼痛，但由于外周神经末梢被致敏，这个刺激会诱发一些动作电位。由于突触后膜已被致敏，当动作电位到达突触时将被放大，将产生更多的动作电位，而神经元也将被激活，平时温柔的抚摸此刻将会变得痛苦，这解释了超敏是如何让人意识到伤害的存在。但超敏效应仅通过短暂的翻译后修饰维持，这意味着它只会持续数分钟或数小时。

手指的深度割伤是一种比针刺伤更严重的伤害，它会产生更多的动作电位。从而产生更剧烈的疼痛，疼痛持续数小时乃至数天。持续时间的延长主要归因于晚期 LTP 发生的事件。令人惊讶的是，除了切口产生的更强烈的动作电位将导致 NMDA 受体的持续激活外，这种疼痛的延长还涉及许多与参与早期 LTP 的相同的元件。强烈的动作电位会激活突触后膜内的几种激酶,这些激酶将显著改变二级伤害感受神经元的电特性。一些激酶进入细胞核并启动DNA中的基因表达,最终导致新的离子通道和受体的合成、插入突触后膜。新合成的蛋白质改变了突触后膜的性质并增强其对刺激反应的幅度,因此产生了晚期LTP。这些事件涉及基因组中DNA的激活,因此被称为表型转变,与短暂的翻译后修饰不同,表型转变不容易逆转[8]。因此,理论上而言,晚期LTP引起的痛觉过敏和疼痛可能会无限期持续。

上文谈到NMDA受体的激活负责调控疼痛持续时间,如将针刺伤引发的短暂性疼痛转换为更严重损伤引发的长期持续性疼痛。还需要说明的一点是,部分一级伤害感受神经元除释放谷氨酸外,还会释放肽类神经递质。例如,P物质可在损伤后由外周神经末梢释放(图5-1),也可从突触前膜释放以激活突触后膜上的NK受体(图5-2)。有证据表明,这种结合有助于产生兴奋性突触后电位(EPSP),从而有助于激活NMDA受体。也有证据表明P物质可以与中枢神经系统中的其他细胞相互作用,但其确切作用尚不清楚。

目前有一些针对阻断 P 物质作用的药物正在研发，但其效果尚无定论。

现有信息囊括许多与晚期 LTP 产生的分子变化和电生理变化，若这些信息有助于理解持续性疼痛或慢性疼痛的潜在机制，将大有裨益。然而，模型实验表明，LTP 的持续时间与长期持续性疼痛的持续时间不相关。因此，LTP 的两个阶段可确保疼痛持续时间与起始病变的严重程度相称，但它们无法解释疼痛如何持续数周或更长时间。延长疼痛持续时间的最有效方法是改变伤害感受神经元的表型。最近的研究已确定另外两种可能延长疼痛时间的分子水平变化，这或许是依靠延长晚期 LTP 所实现的，这便是之后章节要讨论的话题。

注　释

[1] 中枢神经系统中的神经元复制能力非常有限，但它们可以进行重组。例如，当一个手指被截断时，"小矮人/侏儒"（homunculus）中与那个手指的连接以某种方式被重新连接到相邻的手指，使它们更容易感知信息。同样，视力丧失通常会导致听力敏锐度增加。

[2] 小分子肽不是在细胞中合成的，但它们的序列包含在更大的蛋白

第 5 章 适应

质中。当需要这些多肽时，酶会将多肽序列从蛋白质中剪下来。在某些情况下，几个多肽序列存在于一个蛋白质中。

［3］有关缓激肽在疼痛信号中的作用的全面研究，请参阅 K. J. Paterson, et al., "Characterisation and Mechanisms of Bradykinin-evoked Pain in Man Using Iontophoresis", *Pain* 154 (2013): 782-792.

［4］NGF 是一种高度保守的多肽，1956 年由诺贝尔生理学或医学奖获得者 Rita Levi-Montalcini 和 Stanley Cohen 首次分离。这一发现背后的故事很有趣，并在下面的文章中总结：R. Levi-Montalcini and P. U. Angeletti, "Nerve Growth Factor", *Physiological Reviews* 48 (1968): 439-565. NGF 对感觉神经元和交感神经元的生长发育必不可少，但在成年人身上还有额外的功能。它通过与其位于伤害感受神经元末端的原肌球蛋白受体激酶 A（或 TrkA）结合，参与炎症反应中疼痛的启动。NGF 还通过改变细胞体中蛋白质的合成，在持续性疼痛方面发挥着非常重要的作用。

［5］T. Rosenbaum and S. A. Simon, "TRPV$_1$ Receptors and Signal Transduction," in *TRP Ion Channel Function in Sensory Transduction and Cellular Signaling Cascades*, ed. W. B. Liedtke and S. Heller (Boca Raton, FL: CRC Press/Taylor and Francis, 2007). 另见 D. Julius, "TRP Channels and Pain", *Annual Review of Cell and Developmental Biology* 29 (2013): 355-384.

［6］吃辣椒一开始会引起强烈的疼痛从而产生"快感"。对特定类型辣椒的这种反应会逐渐减弱，所以喜欢这种感觉的人总是在寻找更辣的辣椒。

［7］NMDA 通道的调节在几个方面是独一无二的，它们在疼痛的许多方面都有重要作用。有关综述请阅读 M. L. Blanke and A. M. J. VanDongen, chapter 13 in *Activation Mechanisms of the NMDA*

Receptor. NCBI Bookshelf. A service of the National Library of Medicine, National Institutes of Health.

［8］ Clifford Woolf 及其同事已经确定了翻译后和表型变化中涉及的许多激酶和其他因素。有关这些事件的更全面描述，请参阅 A. Latremoliere and C. J. Woolf, "Central Sensitization: A Generator of Pain Hypersensitivity by Central Neural Plasticity," *Journal of Pain* 10 (2009): 895-926.

第6章 持续性疼痛的分子信号

王 涛 译 尹湘莎 校

一、逆行传输信号调控基因表达

大多数损伤所引起的疼痛可以从对伤害的初步认识持续到需要治疗的数小时或数天，我们可以通过外周敏化和长时程增强的两个时期来解释这一现象。然而，持续一周及以上的疼痛是一个与之不同的，更加严重的问题。我们了解到，通过激活基因组来改变神经元表型是延长疼痛持续时间的一个方法。因此，长时程增强的后期延长疼痛，是由于增加了新合成的激酶、受体和通道引起二级伤害感受神经元的功能发生了改变。然而，我们近期了解到，其他表型变化可能发生在伤害感受神经元及与持久的疼痛相关的表现。这些变化起效较慢，包括只有严重损伤才会激活的分子信号，以及可能使神经元产生不定期的改变，使它们尤其与慢性疼痛的来源有关。一是与只有严重损伤才被激活的酶有关，二是涉及影响一级和二级伤害感受神经元之间突触传递的蛋白合成。

要了解其中的机制，我们首先必须认识到，终端是运转正常的神经元末梢，只有细胞体包含基因组和用于蛋白质和其他大分子的合成组织。这意味着在伤害感受方面，任何远端外周的一级伤害感受神经元末梢的组成依赖于细胞体。这构成了两个重要的逻辑问题，因为外周处理的总量是细胞胞体体积的数千倍，而末梢与背根神经节细胞胞体相距甚远。

在细胞体内形成的大分子有两种方式可以到达神经末梢。可溶性蛋白质和其他成分通过已知的机制在外周进程内移动，我们称之为缓慢的轴浆流动。这种情况以约 5mm/d 的速度发生，也就是说，细胞胞体将组成成分运输到达外周的一个神经末梢，可能需要几周的时间。其他的机制是快速轴突运输，负责移动所有膜成分，包括通道、受体，以及含有神经递质和其他物质的囊泡，速度为 400mm/d。当神经末梢到达预期的寿命，流动和运输都是不停发生的，用以补充到

第6章 持续性疼痛的分子信号

达神经末梢的成分。但神经末梢蛋白质的寿命与其本身的活性有关；更多的活动，就越需要更换。神经科学家研究发现，突触可以由经验塑造，正如在学习和记忆过程中，建议必须从外周向细胞传递的分子信使，它们指挥基因组和制造中心合成神经末梢所需的成分。这个过程与伤害性是高度相关的，在正常情况下神经元那里什么也没发生，但是在神经末梢，有大量损伤发生。轴突和神经末梢的某些蛋白质可以通过一种机制快速运输回到细胞体（逆向运输）。我们称之为前哨蛋白，因为它们可以监控轴突和神经末梢的完整性，可以引导基因组对任何变化做出反应。在这种情况下，快速运输速度预计为200mm/d，这意味着将需要数小时甚至数天的时间进行逆行运输，信号到达细胞体并激活基因组；需要额外的时间将新合成的组分运送到神经末梢。因此，这些信号只有在受到严重的损伤后才在一级伤害感受神经元中激活，疼痛意识将持续数天、数周或更长时间；它们是导致持续性疼痛的最终机制，因为它们改变了伤害感受神经元发生创伤后的特性。逆行运输系统本身就是一个令人惊奇的分子马达组成，沿着轴突内的轨道运送货物。我们并不完全理解所有参与这种运输的分子过程，我们也不知道有多少逆行信号。到目前为止，有两个这样的信号已经被识别出来，它们的作用方式为持续性疼痛的调节提供了重要的见解。

二、长期过度兴奋的产生

对膀胱炎、骨关节炎、结肠炎和转移性骨癌等疾病的研究表明，持续性疼痛与一级伤害感受神经元的胞体长时程过度兴奋（LTH）有关。这种过度兴奋状态表现为动作电位生成阈值的降低。就像突触的LTP一样，这意味着即使是来自病变部位的单一动作电位到达这些神经元的胞体，也会产生多个动作电位，然后沿着中枢传到二级伤害感受神经元上的突触，随后到达丘脑和海马。LTH是一种放大系统，是由于细胞胞体电生理特性的改变而产生的，而不是神经末梢或突触。最重要的是，这是一个我们知道的可以无限期地持续下去的表型变化。只要LTH存在，痛觉超敏和痛觉过敏就将持续存在，即使损伤部位受到轻微的触摸或轻微的加热也会出现疼痛（图6-1）。这种超敏反

第6章 持续性疼痛的分子信号

图 6-1 长期兴奋性升高增强动作电位放电，导致痛觉过敏和痛觉超敏。通过电刺激感细胞体来评估一级伤害感受神经元的兴奋性（箭）激发动作电位

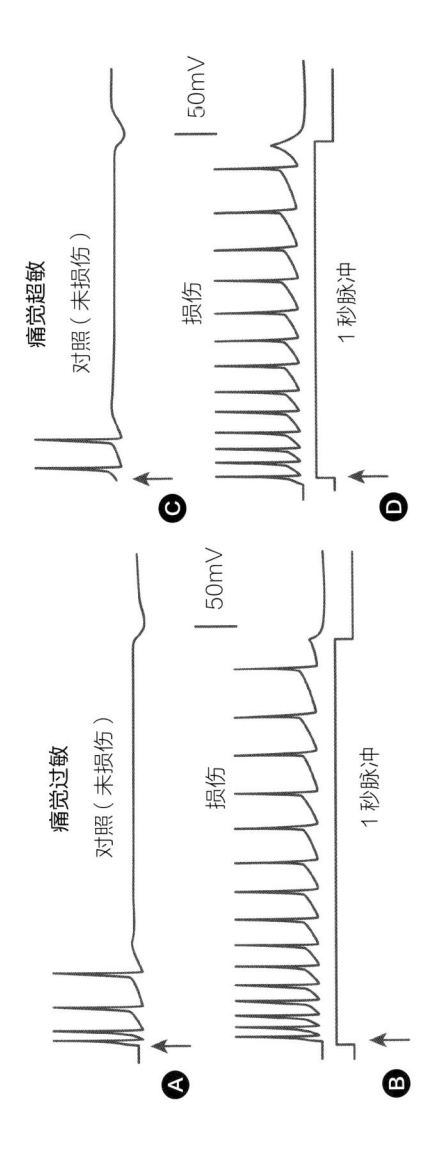

A. 非损伤神经元对轻微疼痛事件做出反应，多个动作电位被激发出来；B. 对表达 LTH 的受损神经元的刺激会引发更多的动作电位；C. 触摸皮肤，在一个正常神经元中激发两个动作电位；D. 受伤皮肤区域进行相似似的触摸，会引发表现 LTH 的神经元产生更多的动作电位

应是以多种慢性疼痛为特征。

LTH 对慢性疼痛的治疗具有明显的意义。疼痛研究中出现的一个重要特征是，它只在相当长的延迟后才出现，因此，在急性疼痛或调节疼痛的 LTP 早期阶段没有任何作用。延迟发生是因为在损伤部位激活的前哨蛋白必须使用逆行运输系统返回受影响神经元的细胞体。

一个看似合理且有趣的可能性是，LTH 延长后期 LTP 的持续时间。为了探索这个可能性，可能需要了解造成这种情况的事件，LTH 的出现意味着识别前哨蛋白。这是一个重大挑战，因为我们知道，即使是最简单的脊椎动物神经也含有数百个轴突，还有数千种蛋白质。笔者在哥伦比亚大学的团队，通过使用相对简单的加州海兔（aplysia californica）的神经系统，解决了这个问题（图 6-2A）。这种生物神经系统的用途是由 Eric Kandel 博士及其在哥伦比亚大学的同事用来确定参与学习和记忆的分子。自然，最初人们对使用无脊椎动物来研究这些人类属性持怀疑态度，但当他分享诺贝尔生理学或医学奖时被证明他的选择是正确的。使用海兔－神经－视觉系统研究伤害感受具有

第6章 持续性疼痛的分子信号

许多优点（包括它非常大），以及可以从动物到动物重复识别的神经元，因此，同一个神经元可以使用不同的实验方案进行检测。同样重要的是，该神经系统可以从动物身上移除，并在体外进行研究。

我们对此特别感兴趣，海兔作为双侧神经痛的分子神经生物学研究模型，对体壁和大脑损伤做出反应的感觉神经元，似乎是无脊椎动物版本的一级 C 型伤害感受神经元（图 6-2B）[1]。我们发现这些神经元轴突的严重损伤导致 LTH 出现在受伤的细胞体中，但仅在与前哨损伤信号传输回细胞体所需时间相关的延迟之后（图 6-2C 和 D）。

随后的研究表明，LTH 的出现需要在细胞体中合成新的蛋白质。总之，这些发现提供了令人信服的证据，证明我们看到了哺乳动物 LTH 的海兔视觉。现在，我们可以更好地验证假设，LTH 由损伤激活的前哨蛋白诱导。除了相对较大的伤害感受神经元，轴浆可以从轴突中挤压出来进行分析，笔者实验室的 Ying-Ju Sung 博士利用这些优势，将诱导 LTH 的蛋白质识别为蛋白激酶 G-1α（PKG）[2]。

脑组织与疼痛：神经科学的突破

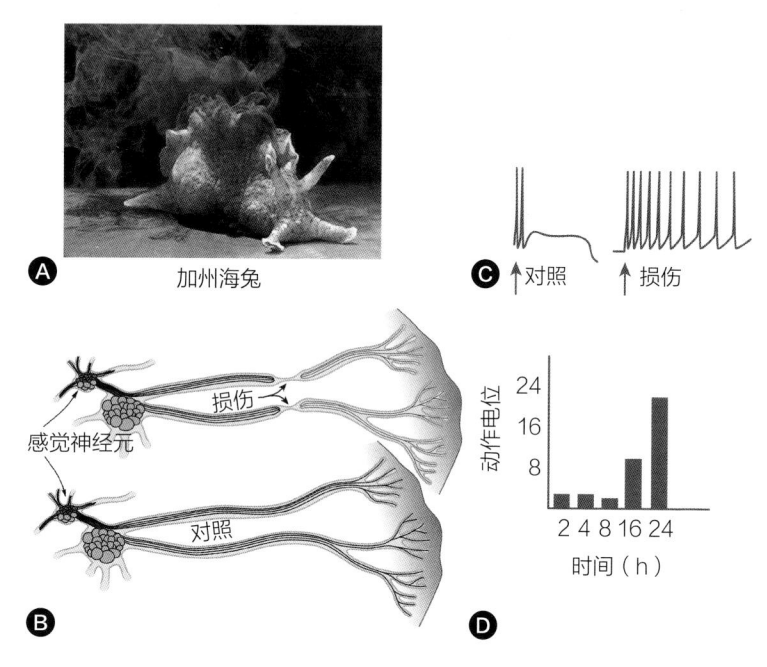

图 6-2　海兔感觉神经元 LTH 的发育

A. 加州海兔在伤害性刺激下释放墨水的照片；B. 隔离的神经系统的一部分，显示双侧感觉神经元群，为了诱导 LTH，神经与身体相连包含感觉神经元轴突的细胞壁一侧被压碎（箭），另一侧的神经没有受到影响；C.24h 后的一个代表性结果显示，对细胞体的刺激在非损伤（对照）侧，产生一些动作电位，而对受伤一侧的神经元进行同样的刺激，导致了一串动作电位的变化；D. 一项时间进程研究表明，兴奋性仅在 24h 延迟后出现，证实了 LTH 的表达

三、PKG：一种疼痛的分子开关

这种激酶是持续疼痛的信号，因为对哺乳动物模型的研究表明，它在 C 型伤害感受神经元的轴突中富集，这显示了后期 LTP 和 LTH。明显地，运动神经元中也没有这种物质，这意味着抑制 PKG 不会影响肌肉运动。PKG 是少数被鉴定的前哨蛋白之一，确定它是如何工作的，这是一个挑战。

这个过程始于合成 PKG 的细胞体（图 6-3）。然后，它以不活跃的形式进入一级伤害感受神经元的外周轴突，并通过缓慢的轴浆流动进行迁移，将大量可溶性蛋白质移向神经末梢。当有严重的损伤或病变的时候，有短暂但广泛的 Ca^{2+} 从外部空间通过伤口流入轴突或轴突进入外周神经末梢。Ca^{2+} 启动了一个特殊的酶级联反应，导致 PKG 的三维构象发生变化。蛋白质展开时，有两个后果（图 6-3）。第一，PKG 具有酶活性；第二，展开暴露出一个短的氨基酸序列，通常隐藏在激酶中。这个暴露的信号序列，可以被逆向运输机制的一个部件所识别，并作为 PKG 回到细胞体的快速运输凭证。在海兔体内，信号序列可直接进入细胞核，

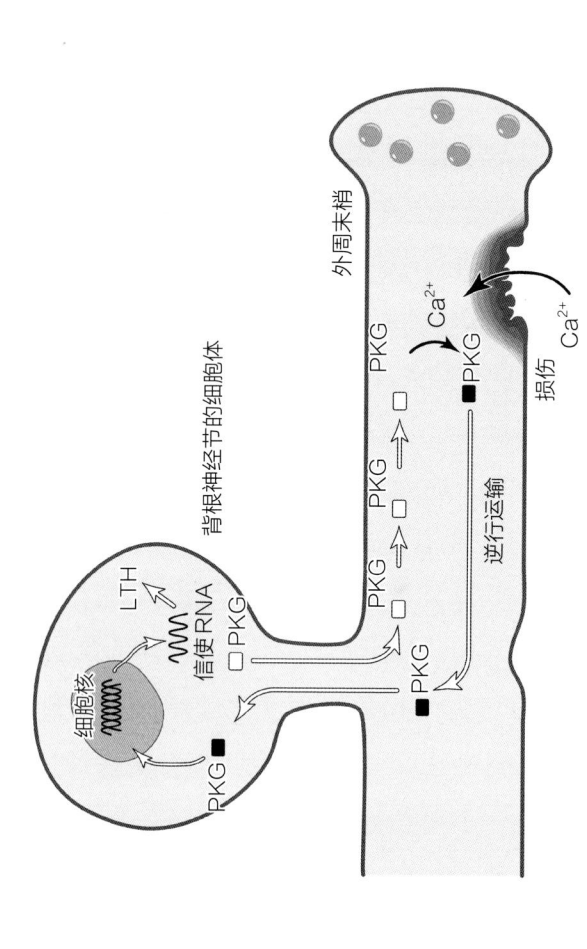

图6-3 PKG在外周轴突损伤后的逆行转运。PKG在细胞体中合成,包含一个保守的信号序列(白盒)。PKG进入轴突并慢慢向神经末梢迁移。沿轴突或神经末梢的损伤,允许Ca^{2+}进入,从而启动酶级联,激活激酶并暴露信号序列(现在是一个黑匣子)。暴露的序列由逆行运输系统识别,激活的PKG被迅速输送到细胞体,进入细胞核。这个PKG最终激活基因组,从而合成与长时程过度兴奋性(LTH)相关的蛋白质

但在哺乳动物的神经元中则是如此，PKG磷酸化另一个激酶，然后进入细胞核。这些研究的一个非常重要的结果是LTH是对炎症和炎症反应诱导的一种损伤，表明PKG是一种特定于伤害感受的信号[3]。此外，事实上LTH是细胞体的特性，这一点很重要，因为这意味着新合成的蛋白质不必输出到轴突中。

LTH是长期疼痛的伴随症状，PKG则是诱导LTH的关键因素。因此，我们可以将PKG视为持久性基因的分子开关，疼痛是一个非常有吸引力的靶点，用于开发治疗顽固性疼痛的镇痛药。更吸引人的是，该PKG仅在严重损伤时激活，在急性疼痛损伤中不起作用。因此，PKG抑制药不会阻止通常类型的轻伤引起的疼痛，对避免破坏性事件有指导意义。下一个挑战是，确定PKG的靶蛋白。它们对长期健康负有直接责任，对缓解疼痛的药物来说，这将是更好的选择。

四、重新审视神经生长因子

持续疼痛的另一个非常重要的信号是神经生长因子（NGF）。我们已经讨论了NGF在外周敏化发展中的作用及其机制，热痛觉过敏的重要性，但其长期影响吸引了最多的关注。临床研究表明，NGF在许多慢性疼痛疾病中都起作用，有证据表明在慢性伤害性疼痛状态下，NGF介导的信号传导是一个持续且活跃的过程。我们知道，病变导致NGF释放到神经末梢周围的空间。NGF的长期作用发生在NGF与神经末梢膜上的TrkA受体结合。与它在短暂疼痛中的作用不同，这种结合会导致囊泡的内化与NGF-TrkA受体共同作用于囊泡内部。囊泡进入逆行运输系统，并在外周过程中被输送至DRG中的一级伤害感受神经元胞体，它激活基因组，动员神经元发出疼痛信号[4]。其中一个变化是细胞表面缓激肽受体表达的增加，以及电压门控钠离子通道、钙离子通道和$TRPV_1$的数量都有所增加。NGF-TrkA信号也导致神经递质P物质和降钙素基因相关肽（CGRP）的表达增加。既然我们已经讨论了这些成分的重要性，很明显，对于疼痛信号来说，增加它们的数量将极大地促进疼痛途径的敏化。我们知道这些表型变化可能无限期地改变神经元的特性。在愈合的正常情况下，NGF信号停止会减弱这些作用，下游组件降级。特别相关的是，增加电压门控钠离子通道的合成，因为我们知道这些通道对于传递疼痛信息是多么重要。此外，研究表明，这种增长可能持续数月。显然，NGF是缓解疼痛靶点的有力位置。

还有一些尚未回答的问题，关于NGF是如何发展的，可能会有太多的影响。NGF与神经末梢的受体的结合启动了与外周敏化相关的变化，这些结果与上述逆行信号的激活有什么区别？另一个尚未解决的问题是NGF如何从囊泡中排出，然后进入细胞核？但我们不需要理解所有细节，只需要认识到NGF在慢性疼痛发展中发挥了重要作用。

注　释

[1] 有关使用海兔感觉神经元研究疼痛的理论基础，请参阅R. T. Ambron and E. T. Walters, "Priming Events and Retrograde Injury Signals", *Molecular Neurobiology* 13 (1996):61-96.

[2] Y-J Sung, E. T. Walters, and R. T. Ambron, "A Neuronal Isoform of Protein Kinase G Couples Mitogen-Activated Protein Kinase Nuclear Import to Axotomy-Induced Long-Term Hyperexcitability in Aplysia Sensory Neurons", *Journal of Neuroscience* 24 (2004): 7583-7595.

[3] Y-J Sung, D. T. W. Chiu, and R. T. Ambron, "Activation and Retrograde Transport of PKG in Rat Nociceptive Neurons After Nerve Injury and

Inflammation", *Journal of Neuroscience* 141 (2006): 697-709. 另见 C. Luo, et al., "Presynaptically Localized Cyclic GMP-dependent Protein Kinase 1 Is a Key Determinant of Spinal Synaptic Potentiation and Pain Hypersensitivity", *PLoS Biology* 10 (2012): e1001283.

[4] C. Aloe, et al., "Nerve Growth Factor: From the Early Discoveries to Its Potential Clinical Use", *Journal of Translational Medicine* 10 (2012): 239-254.

第 7 章 疼痛的来源

苏 思 译 王 涛 校

一、神经病理性和中枢性疼痛

我们已经知道，轻微割伤、穿孔或烧伤造成的疼痛是由长时程增强作用（LTP）维持的，持续时间在数小时到数日范围内。我们也知道，由于神经生长因子（NGF）和蛋白激酶 G（PKG）等逆行运输的损伤信号的存在，更严重的损伤造成的疼痛可以持续更长时间。而下面我们将考虑可能是最严重的损伤类型引起的反应，即严重损害周围神经的损伤。损伤可能源自于血液供应不足（缺血）、局部炎症、化疗药物或神经的横断（切断）。由神经损伤引起的疼痛称为神经病理性疼痛。在神经被切断的情况下，神经内所有的传入和传出轴突都被切断，并且在原来由神经支配的区域完全丧失感觉和运动功能。这些损伤是毁灭性的，人们已经做了很多努力试图连接修复神经断端来恢复功能，但不幸的是收效甚微。除了功能丧失外，神经断端通常会产生疼痛，因为外周轴突仍然附着在神经元胞体上。但疼痛的来源是什么呢？答案可能看起来有些矛盾，因为我们很难理解如果神经没有连接到皮肤和肌肉，疼痛是如何产生的。为了回答这个问题，我们先来看看单个一级伤害感受神经元在其周围突被切断后的反应（图7-1）。

在切断后很短的一段时间内，轴突内部暴露在外环境中，Ca^{2+}内流。随后轴膜封闭，但轴浆内的Ca^{2+}浓度升高会引发酶级联反应，导致激酶的激活。于是，包括PKG和NGF在内的许多损伤信号会逆行运输到神经元胞体并通过常见的通路引起疼痛。其他逆行传输的信号会促进大量的致力于受损轴突再生的分子合成。所有这些新合成的通常会存在于轴突末端的成分，包括激酶、离子通道和受体，都进入轴突并到达损伤部位。当这些大量新合成的分子到达损伤部位时就会引起急剧的肿胀，被称为神经瘤（图7-1）。因为神经瘤膜包含了所有通常能在病变时被激发产生动作电位

第 7 章 疼痛的来源

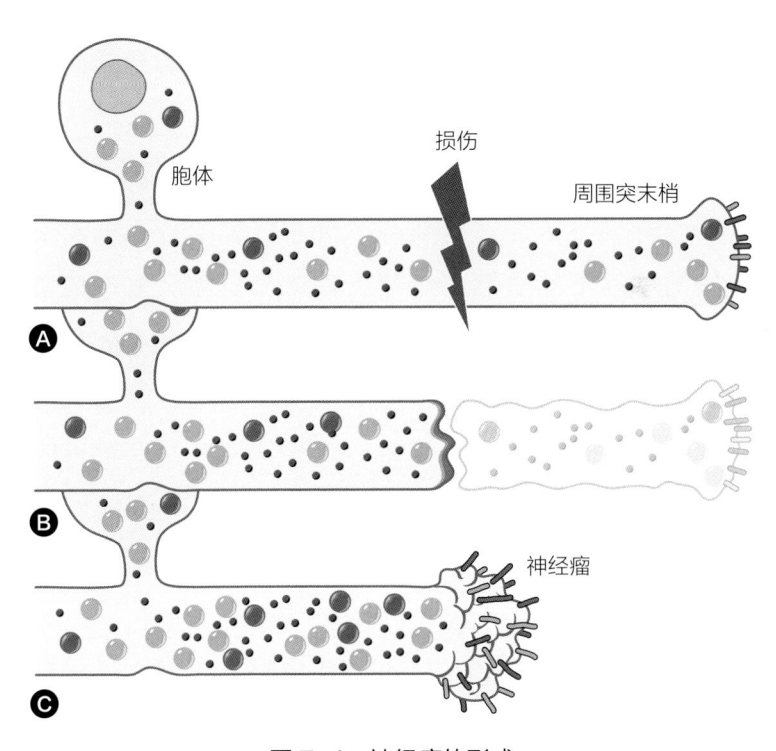

图 7-1 神经瘤的形成

A. 一级伤害感受神经元的一部分周围突和神经末梢，轴突中充满了可溶性蛋白（小点）和囊泡（圆圈），而神经末梢表面有多种受体；B. 损伤切断了轴突，与神经元胞体相连的轴突段的断端立即封闭起来，而神经末梢段开始分解并最终消失；C. 损伤导致胞体内蛋白质和囊泡合成的增加，因为神经元开始替代缺失的部分。然而，末端没有受体，当新合成的成分到达末端时，它们会导致神经膨胀形成神经瘤。新嵌入神经瘤表面细胞膜的受体会对任何有害刺激做出反应的成分，所以任何压力或不利条件都可能激发这种潜能，然后被 LTH 放大，产生令人难以忍受的神经病理性疼痛。

下面为了解决人体哪个部位感受到疼痛的问题，我们来考虑一个非常极端的情况，假设一个人失去了一侧肘部以下的手臂。残肢皮肤下神经瘤产生的动作电位会像往常一样沿着痛觉传导通路传递到丘脑和大脑感觉皮质，但大脑会认为疼痛来自已经不存在的前臂或手。此外，触觉等其他一级感觉神经元末梢形成的神经瘤也会被激活，大脑也会将这些感知到的电位解释为来自于缺失的前臂或手。这就是为什么截肢者在手指和手臂已经不存在的情况下仍能感觉到手上戴着戒指的原因。这些幻肢感觉是最棘手的疼痛之一，即使是移除神经瘤的手术通常也只能提供短暂的缓解，因为还会有新的神经瘤形成。不幸的是，由于大量士兵和平民在伊拉克战争和阿富汗战争中受伤，幻肢痛是一个特别严重的问题。

通过一种减轻幻肢感觉的巧妙方法，我们对大脑如何潜在地控制疼痛有了一个清晰的认识。其前提是大脑误解了感觉的来源是因为它没有意识到肢体的缺

第 7 章 疼痛的来源

失。加州大学圣地亚哥分校的 V. S. Ramachandran 证明了他可以通过使用一种镜子系统来减轻某些患者的疼痛。例如，当患者看向缺失的右臂时，他看到的是完好无损的左臂[1]。我们还不完全了解如何通过欺骗大脑做到这一点，但这证实了大脑减轻创伤影响的惊人能力。关于这一点，我们在本书的后面会有更多的讨论。

幻肢感觉表明，疼痛对象的存在不是必要的。如果我们更深入地思考这个概念，我们就会意识到，在躯体感觉通路的任何一点上产生的动作电位都会导致疼痛，其后果可能是极具破坏力的。假设脊髓中的二级伤害感受神经元，甚至更糟的是丘脑中的伤害感受传导通路开始自发放电。在这两种情况下都会感知到疼痛并且将之归因于任何被激活的感觉皮质所对应的躯体部分，但是显然疼痛信号并不来自任何周围神经的损伤。这被称为中枢性疼痛，因为它来源于中枢神经系统的神经元激活。治疗中枢性疼痛是极具挑战性的，而且由于药物进入脊髓或大脑受到血脑屏障的阻碍，并且手术干预具有很高的风险，使得治疗难度进一步升级。当疼痛来自异常激活的丘脑神经元时，一种创新的方法是将微探针插入丘脑以破坏神经元。这种破坏神经元的方法有时能减轻疼痛，这强化了丘脑中的神经元介导疼痛感知的观点。

二、炎症性疼痛

从我们对针刺模型的讨论中可以了解到，损伤引起的疼痛可能是由免疫系统的促炎细胞释放的介质引起的。这些细胞会被诱导到损伤部位，引起损伤。损伤部位（特别是广泛组织损伤中）通常会出现红肿和发热。然而，在没有明显物理损伤的情况下，炎症也可以引起严重的疼痛。因为感染可以像伤害或烧伤一样对生存构成威胁，所以除了抵御感染外，疼痛的激发可以让我们意识到病原体的存在，这从目的论上来讲是完全行得通的。现在我们需要考虑炎症是如何引起疼痛的。

三、细胞因子

炎症反应是一种高度复杂和协调的攻击，旨在消灭病原体，但也会清除细胞和组织碎片。后者通常发生在为促进受损肌肉组织修复而进行的严格训练之后。炎症的特征是免疫细胞聚集到该区域并释放被称为细胞因子的小分子蛋白质。细胞因子的数量繁多，但引起疼痛的主要是白介素-1β（IL-1β）、白介素-6（IL-6）和肿瘤坏死因子-α（TNF-α）[2]。IL-1β与受体结合增加了P物质和COX-2酶的产生。正如我们所知，COX-2合成了能加剧疼痛的前列腺素。IL-6有些特别，因为其水平升高与压力有关，激活大脑中导致焦虑的中枢，也会加剧疼痛。我们将在第12章中再次讨论这个问题。TNF-α促进自身、IL-1β及似乎无处不在的NGF的合成。TNF-α与其受体的结合使炎症区域变得敏感，而NGF增加了TRPV$_1$通道的数量，这些通道可被其他炎症因子激活。这些事件在外周末梢的累积效应使得一级伤害感受神经元产生动作电位，上行到达中枢神经系统突触后，促进二级伤害感受神经元释放谷氨酸，以及激活NMDA受体。这些我们应该都很熟悉，因为我们在前面几章讨论过这些相同的反应。因此，即使在没有损伤的情况下，细胞因子也能引起同样的反应，激活同样的痛觉传导通路，从而导致丘脑的疼痛感知，并通过大脑皮质归因到对应的外周支配区域。非常严重的免疫攻击可以引发压垮全身系统的"细胞因子风暴",最近在许多COVID-19病例中都出现了这种情况。

炎症是很常见的,在大多数情况下,疼痛的病因相对容易诊断,如关节炎、晚期糖尿病、带状疱疹后神经病变或局部感染引起疼痛。然而,有时疼痛的来源并不明显,这已被证实是疼痛管理中的一个主要问题。这一问题的出现是因为免疫系统也致力于消灭任何"外来物质"。举个明显的例子,试想一下如果手术后一块海绵不慎落在神经附近会发生什么。海绵会受到免疫系统的猛烈攻击,但是释放出来的细胞因子会浸润神经并进入轴突中。疼痛就产生了,因为轴突的外膜含有许多与轴突末梢相同的受体和通道。于是,细胞因子与其受体的结合将诱发炎症部位的动作电位,并沿痛觉传导通路传递至丘脑和皮质[3]。而且,如果神经是较粗大的,许多轴突会被激活,引起非常剧烈的疼痛。临床医生称这种疼痛为异位痛,因为它并非起源于周围神经末梢,而是由轴突上的受体的激活引起的[4]。但是我们感受到这种疼痛来自哪里呢?答案是,它会被认为是来自于轴突的支配区域,就像幻肢痛一样。举一个很好的例子，也是相对常见的一种情况，椎间盘破裂，释放其内容物到附近的神经。因为这些内容物在正常情况下是与免疫系统隔离的，所以它们会受到免疫系统的攻击，从而导致神经轴突的不正常的激活。如果这些轴突支配下肢，就像坐骨神经痛一样，疼痛就不会被认为来自脊柱外侧椎间盘破裂的部位，而是来自于大腿、小腿甚至脚踝。事实上，人体内许多成分如果在本应存在的位置之外被发现，就会被认为是外来的。破裂的脾脏释放的血细胞或病变腺体的分泌物一旦进入组织间隙就会引发免疫反应，如果其周围有神经的话就会产生疼痛。这些情况可以发生在身体的任何部位。现在我们可以体会到确定疼痛的来源会有多么困难。

四、内脏痛

到目前为止，我们的讨论集中在对影响躯体（除内脏以外的）的损伤或炎症做出反应的信号传导通路上。对于来自心脏、肺、消化器官、腺体等部位的疼痛，诊断疼痛的来源更为困难。还记得 Penfield 和

Rasmussen 定义的感觉小人图吗，即沿着大脑半球中央后回的躯体感觉图。有趣的是，这张图并没有内脏的对应区[5]。由于感觉小人图反映了我们感觉的能力，图上的缺失表明大脑没有办法感觉到我们的内脏器官。这当然有悖于常识。没有人能否认阑尾炎或肾结石移动的疼痛。感觉这些疼痛确实有一个途径，这很重要因为有几种慢性疼痛与内脏器官有关。让我们花一点时间来学习一些关于内脏是如何受神经支配的基本概念。

五、神经系统功能的内－外世界论

我们的神经系统被设计成让大脑通过与视觉、触觉、疼痛等相关的传入神经元来接收外界事件的信息。大脑评估这些信息并通过运动神经元激活合适的肌群做出反应。然而，来自包括心脏、肺、肝、肾和消化系统的内在信息是由独立的内脏神经系统传递的。它由两个输入部分组成，用于评估我们内脏器官的功能。第一种是由将信号从内脏传递到较大脑低级的局部中枢的神经元组成的。这些信号提供了有关我们内脏器官状态的信息，以便于在无须意识参与的情况下，我

第 7 章 疼痛的来源

们的心率、血流和其他基本功能无时无刻不在受到这些神经元的监控。我们没有直接意识到这些信息，只是因为大脑没有能够处理这些信息产生感觉的回路。这种安排使效率最大化，并能迅速地根据情况进行调整。关于我们是否能间接地意识到内脏器官的状态存在一些争论，一些证据表明，我们的情绪会受这些内脏神经传入的信息影响。因此，这些神经元组成了一个内脏感知系统。

对内脏感知系统传入的反应通过自主神经系统实现，该系统仅由运动神经元组成。根据传入的不同，运动神经元会加快或减慢心率，增加或减少食物在消化道的蠕动，或者通过激活腺体释放激素和（或）神经递质来增强反应。这种巧妙的设计意味着大脑不需要使用宝贵的通路来完成日常的基本功能[6]。

内脏神经系统的另一部分传入神经与我们的关系更大，由出现错误时从内脏发出信号的一级伤害感受神经元组成。这些信号通过一个间接过程转化为疼痛，我们会在下面讨论这个过程。所以，我们实际上有两个不同功能的神经系统：一个处理外部世界信息的躯体系统，和一个调节内部器官运行并在器官受到威胁时提醒我们的内脏系统。在这两个独立的系统中有一个边界将它们的领地分开，也将负责内脏疼痛的通路与负责躯体疼痛的通路分开。脏器被一层贴附在每个器官表面的脏胸膜和一层排列在包含器官的体腔内并贴附在躯体的内表面的壁胸膜覆盖。来自壁胸膜的痛觉信息是通过脊神经的分支传递的，而来自包裹在脏层胸膜内的结构的信息是通过内脏神经传递的。

六、内脏痛是牵涉性的

我们已经知道躯体的疼痛是如何传递到大脑的；现在我们需要描述大脑是如何从内脏接收到损伤的信息的。令人惊讶的是，除了饥饿，内脏的主要感觉是疼痛。触摸、切割或以其他方式操纵内脏不会引起反应。此外，只有炎症或扩张反应如肾结石沿输尿管移动，才能引起内脏器官的疼痛。不幸的是，大多数类型的癌症不会引起这类破坏，因此可以在没有疼痛的情况下发展。令人诧异的是在解剖实验室里看到 75 岁甚至 80 岁的捐赠者尸体，他们的体内充满了肿瘤，这些肿瘤一定是长期生长出来的，居然一直没有任何疼痛的症状。

第7章 疼痛的来源

内脏的疼痛是通过一级内脏伤害感受神经元传递的，这些神经元的胞体与支配身体的所有一级伤害感受神经元一起位于背根神经节内。这些内脏神经元的外周末梢位于它们的靶器官上，其外周突最初经过包含自主神经系统运动轴突的内脏神经（图7-2）。每根内脏神经汇入脊神经的腹主支。当一级内脏伤害感受神经元的周围突到达这个汇入点时，它们继续在脊神经内穿过背根，它们的中枢突与位于脊髓背区的二级伤害感受神经元形成突触。值得注意的是，内脏伤害感受神经元的中枢突与支配皮肤、壁胸膜或其他周围组织结构的一级伤害感受神经元的中枢突在同一水平上进入脊髓。接下来会发生什么还不确定，但公认的解释是，一级躯体伤害感受神经元和一级内脏伤害感受神经元的中枢突在同一个二级伤害感受神经元上形成突触（图7-2）。来自二级伤害感受神经元的信号上升到丘脑，到达皮质感觉侏儒区。然而，由于脊髓这一节段的二级伤害感受神经元的轴突电位通常传递皮肤损伤的信号，大脑会误解这些信号认为疼痛来自躯体[7]。换句话说，应该被认为是来自心脏或其他内脏器官的疼痛，反而被认为是来自同一脊髓节段神经支

脑组织与疼痛：神经科学的突破

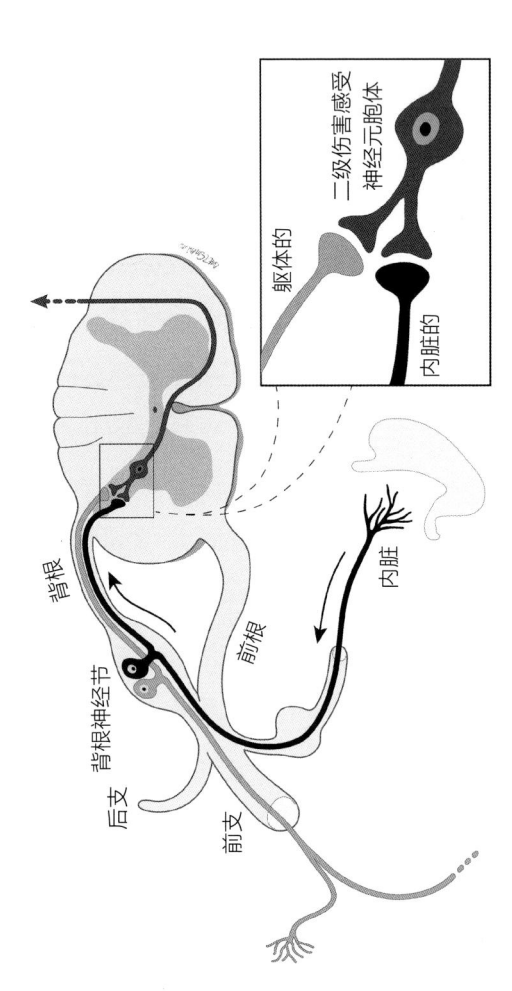

图 7-2 来自内脏的疼痛传导途径

一级伤害感受神经元的周围突从脏器出发沿内脏神经（自主神经）走行，与来自躯体的一级伤害感受神经元轴突汇合进入脊神经分支。这两组轴突都经过背根神经节与二级伤害感受神经元形成突触。根据目前的理论，两组传入神经都连接到同一组二级伤害感受神经元上（放大图）。因此，当来自二级伤害感受神经元的信号上升到丘脑和感觉皮质时，大脑认为它们来自躯体，而不是内脏。因此，疼痛是牵涉性的

120

配的躯体[8]。

这看起来相当奇怪,也必然会使诊断疼痛来源变得更为复杂。幸运的是,有一些分布图显示了内脏器官的疼痛在躯体区域的投射(图7-3)。为了更好地从临床角度理解这一点,我们以阑尾炎为例。阑尾位于腹部右下象限,受与第10胸神经相连的内脏神经支配。当阑尾发炎和肿胀时,被激发的动作电位经内脏神经传播到第10胸神经,然后传递到脊髓T_{10}水平的二级伤害感受神经元突触上。T_{10}的一级伤害感受神经元,激活二级伤害感受神经元,同时也是支配着整个第10皮肤节的结构,包括脐部(肚脐)的神经元。因此,阑尾炎初期的疼痛被认为来自脐部。

现在,我们来看看如果发炎的阑尾破裂会怎么样。从阑尾释放出来的物质会在阑尾上方的壁胸膜上产生炎症。这将激活支配该区域的脊神经中的痛觉神经元的周围突,结果是感觉到疼痛来自阑尾上方的皮肤。这种感受到的疼痛来源的转移是阑尾炎的一个特征。

认为疼痛的牵涉性是因为躯体和内脏的伤害感受神经元在同一个二级伤害感受神经元上形成突触而产生的这种观点可能是合理的,但却是不完整的,因为

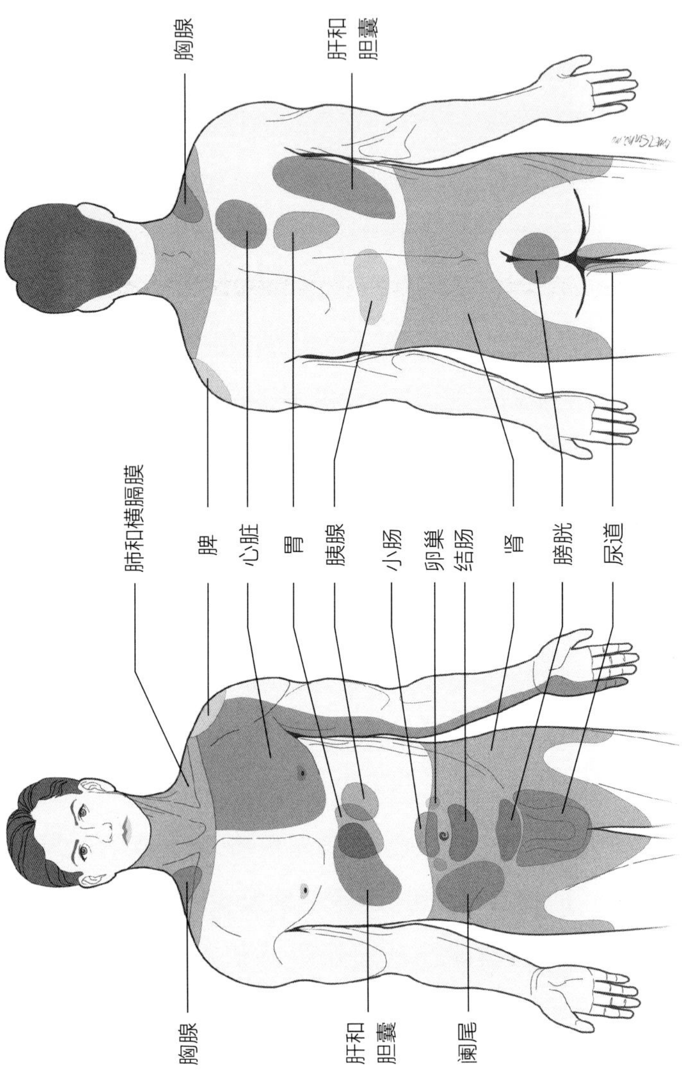

脑组织与疼痛：神经科学的突破

图 7-3 内脏病变在躯体的牵涉痛的大致位置分布图

第7章 疼痛的来源

它没有解释内脏和躯体的痛觉在两个重要方面的不同。因此，阑尾炎最初的疼痛是内脏性的，是弥漫性的钝痛。然而，当阑尾破裂时，疼痛是躯体性的，是局限性的锐痛，就像任何皮肤来源的疼痛一样。

更出人意料的是脾破裂时所发生的。脾位于左上腹，横膈正下方，那么患者会感觉到疼痛来自哪里呢？答案是左肩（图7-3）。血细胞从破裂处漏到周围邻近的空间，它们不属于那里，所以会被免疫系统攻击。释放的促炎性细胞因子弥漫地扩散到膈肌并激发膈神经的动作电位。膈神经与支配肩膀的躯体神经在同一水平上进入脊髓。因此，当来自膈神经的动作电位激活二级伤害感受神经元时，大脑错误地认为疼痛来源于肩膀。

我们现在明白了确定疼痛的来源是多么的困难，因为它可以是由损伤或炎症引起的，可以是神经病理性的或中枢性的，也可以是内脏牵涉性的。我们会在第10章学到它也可以是心理来源的。正如我们在前言中所说的，疼痛是复杂的！

除了中枢性疼痛外，从目前所呈现的一切可以明显看出神经科学家已经确定了痛觉传导通路中的许多分子组成，这些分子对疼痛信息的传递至关重要。虽然明确这些是一项伟大的成就，但这仅仅是一部分；最近的研究表明，这一传导通路和疼痛是由源自更高级大脑皮质的外部神经回路调节的。我们将在下一章中描述这些回路，并展示它们如何极大地拓宽了我们对外部事件如何影响疼痛感知的理解。

注　释

[1] 关于使用镜子进行研究的更全面描述，参见这本很好的书：V. S. Ramachandran and S. Blakeslee, *Phantoms in the Brain: Probing the Mysteries of the Human Mind* (New York: Harper-Collins, 1998).

[2] 关于更全面的综述，请参阅 J. Zhang and J. An, "Cytokines: Inflammation and Pain", *International Journal of Clinical Anesthesiology* 45 (2007): 27-37.

[3] 细胞因子和其他物质是如何沿着轴突引起疼痛的尚不清楚。特别是，目前还不清楚它们的受体是如何进入轴突膜的。它们或许可以插入细胞体的轴突膜，然后沿着细胞膜平面缓慢迁移。或者，我们知道含有受体的囊泡在轴突内被迅速运输到终末。其中一些可以被转移到炎症部位的轴突膜融合。确定哪种机制是正确的，对于治疗这些类型的炎性疼痛具有重要意义。

[4] Q. Xu and T. L. Yaksh, "A Brief Comparison of the Pathophysiology of Inflammatory Versus Neuropathic Pain", *Current Opinion in*

Anesthesiology 24 (2011): 400-407.

［5］来自感觉小人图的早期推论是，来自躯体结构的疼痛可以被直接感觉到，而来自内脏结构的疼痛则不能。这一观点已被修正，因为口腔后面有一个很小的代表区，由来自躯体和内脏的结构共同组成，在那里可以感觉到疼痛。

［6］我们认为内脏传入神经元和自主神经系统的运动神经元之间的相互作用能够维持内稳态，这被认为是身体的最佳静息状态。但这种想法过于简单化了。人体发展出这种相互作用并不是简单为了维持一种内稳态，而是作为一种不断调整内脏功能以时时刻刻适应条件的方式。这种更具活力的观点更符合我们生活中不断变化的事件，这些事件需要我们不断调整心率、血压等。

［7］这一解释是合理的，但过于简单，因为有证据表明，脊髓中的其他神经元群参与处理来自内脏的伤害性信息。比如请参见 V. Krolov, et al., "Functional Characterization of Lamina X Neurons in Ex Vivo Spinal Cord Preparation", *Frontiers in Cellular Neuroscience* 11 (2017): 342-352.

［8］并不是每条脊神经都有内脏神经的分支。内脏分支仅在 T_1～L_3 水平的神经内进入脊髓。

下 篇

大脑回路对疼痛的调节

第8章 疼痛的外周调节：下行系统

王嫣冰石 **译** 李 旭 **校**

一、全新的视角

前几章中讨论了躯体感觉系统，它由伤害感受通路中的一级和二级伤害感受神经元，以及丘脑中投射到大脑皮质中央后回躯体感觉区的三级伤害感受神经元组成。该系统提供了有关伤害或损伤的信息。多年以来，为减轻疼痛所做的努力一直围绕着防止这种信息沿着其通路传导而展开。虽然在躯体感觉系统中所展现的分子事件充分描述了对于典型损伤或炎症的最初反应，但神经科学和心理学的最新进展促使我们重新考虑疼痛，即伤害的含义。我们一直被教导并从日常经验中了解到，疼痛只是另外一种感觉，就像触觉或视觉一样，但我们现在知道这种想法是不对的。事实上,躯体感觉系统只是大脑庞大神经元网络中的一个组成部分。这个网络确保我们最终对于某次经历的伤害性判断是由过去的经历、情绪和现在的环境共同塑造的。至于这是如何发生的,将在后面几个章节讲到。确定并描述大脑中调节我们对疼痛的感知方式的回路,这对于管理慢性疼痛具有重大意义。我们将首先展示一个非常极端的例子来说明大脑是如何控制疼痛的。

二、疼痛:环境与阿片类药物

在第一次世界大战期间,应激诱导镇痛是一个有据可查的现象,当时身负重伤的士兵为了脱离险境而忽视了自己的疼痛。事实上,他们不是忽视了疼痛,而是没有意识到疼痛。意识是我们稍后必须面对的复杂问题之一。然而,从士兵们的经历中可以清楚地看出,疼痛并不是对伤害的自动反应。应激诱导镇痛最初被认为只有在忽视损伤才能生存的情况下才会发生,虽然这是有道理的,但生存并不是唯一的原因。有很多关于工人在工业事故中严重受伤的报道,但是他们不记得有过任何即刻疼痛。一名男子锯断了自己的 3 根手指，可直到看到血他才意识到自己做了什么。我们之前提到突触是调节的部位，现在我们将了解到，所有这些效应都是由于外部通路改变了一级和二级伤害感受神经元之间突触的效率。

（一）对内源性阿片类物质的研究

对于应激诱导镇痛的一种解释是人体有一种处理疼痛的内在机制。这一假说的主要支持者是20世纪60年代在苏格兰阿伯丁大学工作的Hans Kosterlitz教授。他很了解战时报道，他把那些信息与已知的吗啡镇痛特性联系在一起，假设阿片类药物是模仿体内产生的一种可以减轻疼痛的物质。他将这种假定的内源性化合物称为"内啡肽"，它是"体内吗啡"的简称。这一简单但合乎逻辑的联系开启了疼痛管理历史上最令人着迷的传奇之一[1]。

提出内啡肽存在是一个新颖而耐人寻味的想法；然而证明它的存在要困难得多，需要两个截然不同的步骤。首先是要试图分离出假定的内啡肽，Kosterlitz实验室的成员很幸运地正确猜想了这种化合物存在于大脑中。同样幸运的是，他们有一种可用于筛选此化合物的检测方法。吗啡通过阻断肠道蠕动导致便秘，这一点可以在实验室用离体豚鼠回肠（小肠的末端区域）直接证明。方法是先诱导肠道蠕动，然后加入待检测化合物，看它是否以可逆的方式抑制肠道的蠕动性收缩。可逆性很重要，因为许多化合物可能会损害或杀死负责运动的肌肉。潜在内啡肽最好的来源是猪脑，因为它可以从当地的屠宰场大量获得。方案是将大脑搅匀，根据特定的标准将匀浆分成几个组分，然后用回肠蠕动试验来测试每个组分。这项艰巨的任务交给了 John Hughes，最终任务成功了，这是对他坚持不懈的最好回报。当然运气也在其中发挥了作用，因为这种化合物即使存在，但在提取过程中可能会被分解[2]。他发现一个可溶性部分模拟了吗啡对回肠的影响，但它含有许多蛋白质和其他化合物，分离出特定的因子是很困难的。

与此同时，美国的研究小组正在研究突触的分子构成。早在 20 世纪 60 年代和 70 年代初，人们对这些结构知之甚少。然而，Kosterlitz 等预测内啡肽会通过调节突触功能来阻止疼痛：这是一个简单的想法，却有着深远的影响。我们已经讨论了神经递质是如何通

第8章 疼痛的外周调节：下行系统

过与嵌入在靶细胞膜上的高度特异的受体结合来产生效应的。如果 Kosterlitz 及其同事是正确的，那么突触上应该有识别内啡肽的受体。事实证明，这是探索这种可能性的好时机，世界各地的几个实验室都很好地找到了这些受体。吗啡的结构是已知的，许多衍生物也是如此（包括纳洛酮），这是一种非常有效的阿片类拮抗药。纳洛酮与假定受体的结合甚至比内源性阿片类物质更紧密，这种结合很重要，因为它可以用来验证反应实际上是由阿片类药物引起的[3]。

同样重要的还有新开发的合成用氚（^{3}H）标记化合物的工艺，氚是氢的一种放射性同位素。因此，神经递质与受体的结合可以通过跟踪放射性来检测到，从而避免了进行数千次耗时费力的试验。1973年，约翰斯·霍普金斯大学的 Candace Pert 和 Solomon Snyder 在脑组织匀浆中加入了 ^{3}H-纳洛酮。然后将匀浆分离成不同的组分，通过追踪 ^{3}H-纳洛酮的分布，他们在膜组分中鉴定出一种吗啡受体，命名为 μ 受体。这一结果通常被认为是第一次在大脑中发现内啡肽受体，尽管它实际上是继老鼠输精管里的 δ 受体和以药理特性为特征的 κ 受体之后第三个被发现的[4]。随后在大脑中发现了κ和δ受体，这极大地改变了只有一种内啡肽的观点，因为现在可能会有不止一种。这一理论在1975年得到证实，当时Kosterlitz及其同事发表了他们的发现，即大脑中含有两种被他们称为脑啡肽（enkephalins，ENK）的内啡肽样化合物。然而，它们不是蛋白质，而是由5个氨基酸组成的五肽：甲硫氨酸脑啡肽（Tyr-Gly-Gly-Phe-Met）和亮氨酸脑啡肽（Tyr-Gly-Gly-Phe-Leu）。脑啡肽在大脑中的发现是理解伤害感受的一座里程碑。然而，脑啡肽并不是唯一的，其他研究很快表明它们只是具有内啡肽样性质的三类分子中的一类。另外两个是内啡肽本身和强啡肽。因此，对内啡肽的研究最终发现了三类内啡肽和三种受体。接下来的挑战是确定受体在大脑中的位置。

（二）阿片受体的分布

通过采用一种称为放射自显影的新技术，^{3}H标记的配体再一次得到了很好的应用。总的来说，阿片受体的分布可以通过首先将一块薄薄的脑组织切片暴露在放射性配体（比如^{3}H-纳洛酮）中来确定，这种配体与组织中的受体结合很强，并且具有特异性。然后

第8章 疼痛的外周调节：下行系统

在组织切片上涂上一种乳剂，这种乳剂在放射性物质存在的情况下会变黑，就像胶片对光的反应会变黑一样。潜伏期过后，含有与受体结合的 ^{3}H 配体的区域会变黑，很容易与周围区域区分开来。结果非常令人震惊，在脊髓背侧的神经元中发现了 μ 受体，我们知道这正是一级和二级伤害感受神经元之间的突触所在位置，以及在中脑的一群神经元中也发现了此受体，这些神经元组成了一种被称为导水管周围灰质（periaqueductal gray，PAG）的结构[5]。后一项发现尤其重要，因为研究表明，电刺激 PAG 可以减轻疼痛，而不会干扰触觉、压力觉和温度觉。事实上，这种刺激的镇痛效果是如此强大，以至于有可能给一只完全清醒的大鼠进行手术而不会给动物造成痛苦。最后，随后的实验表明，注射纳洛酮（μ 受体拮抗药）可以阻止疼痛。

综上所述，这些结果提供了令人信服的证据，证明了内源性内啡肽及其受体组成了一个内在系统，这个系统负责在严重创伤条件下镇痛。他们还将 PAG 作为感知疼痛的重要中枢[6]。

从神经解剖学的角度来看，对这些数据最简单的解释是，脊髓中的一些二级伤害感受神经元的轴突形成了一条上行通路，终止于PAG中的神经元（图8-1）。只有在严重或创伤性损伤引起一连串动作电位后，该通路才会被激活。这些电位沿着这条通路传播，去刺激PAG中含有脑啡肽的神经元。在这些神经元中诱发的动作电位随后沿着轴突下行到脊髓背角，在那里它们促进脑啡肽的释放，从而阻断了一级和二级伤害感受神经元之间的突触传递。换句话说，严重创伤后所经历的应激诱导镇痛是因为创伤诱发脑啡肽的释放，脑啡肽阻断了来自外周的伤害感受性信号（图8-1）。真是个大发现！而且，这也是关于大脑中的神经元是如何影响痛觉的第一个证据。但这仅仅标志着故事的开始，因为中脑导水管周围灰质还有其他几条通路也改变了对疼痛的感知。

这些研究的一个实际应用是，在20世纪80年代，临床医生在皮下植入小泵，直接将吗啡泵入脊髓周围的间隙。一些吗啡扩散到脊髓背侧，缓解了某些种类的慢性疼痛。虽然这是一种极端的方法，但阿片类药物已经成为治疗术后疼痛和多种持续性疼痛的首选方法。如今使用的泵要复杂得多，但问题是，长期使用阿片类药物总是伴随着各种各样的不良反应。即刻影

第 8 章 疼痛的外周调节：下行系统

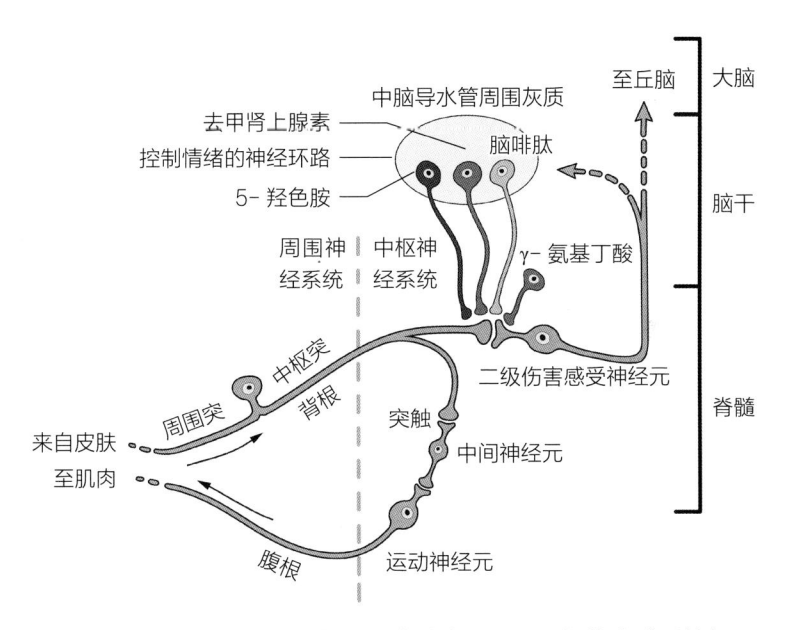

图 8-1 从中脑导水管周围灰质到脊髓内一级和二级伤害感受神经元之间的突触的下行通路。脑啡肽（ENK）的释放通过阻断伤害信号的传递而起到镇痛作用。该通路被描述为从二级伤害感受神经元轴突分出到丘脑的一个分支（虚线）。来自含有 5-羟色胺（5-HT）、去甲肾上腺素（noradrenalin，NA）和 γ-氨基丁酸（gamma-aminobutyric acid，GABA）的神经元的下行通路也调节此突触。需要注意的是，中脑导水管周围灰质也接受来自大脑神经回路的输入

响包括欣快感、幻觉、嗜睡、便秘和潜在的严重的呼吸窘迫。更严重的是最终会发展为耐受性，这意味着需要更多的药物才能获得与之前同样水平的镇痛或欣

快感，这当然会加剧其他症状。阿片受体存在于输精管中的种种早期发现表明它们不会局限于 PAG 和脊髓中。的确，放射自显影研究很快发现了阿片受体广泛分布于大脑各处。长期滥用阿片类药物导致这些系统的破坏，很好解释了我们提到的上瘾表现。

三、阿片类药物在脊髓中的作用机制

为了解脑啡肽在脊髓中的释放是如何减轻疼痛的，我们需要检测阿片受体的位置和功能。这些受体的一般结构与我们讨论过的其他受体相似，由一个带有结合位点的胞外区、七个跨膜螺旋环和一个胞内末端组成。最重要的是 μ 受体位于一级伤害感受神经元的突触前末端（图 8-2）。

当动作电位沿着轴突从中脑导水管周围灰质传递到突触前末端的突触时，脑啡肽被释放到突触间隙中。它们结合到它们在 μ 受体上的识别位点，引起突触前末端受体的胞内部分的构象变化，激活有两个主要作用的激酶。第一，它们开放钾离子通道，使末端超极化从而抵抗来自外周的动作电位；第二，它们阻止

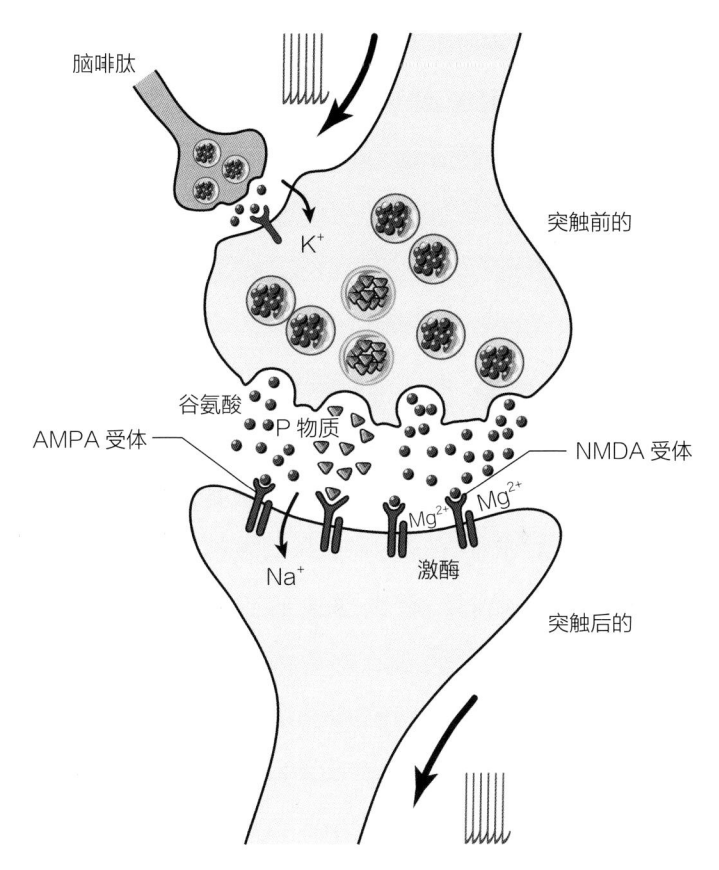

图 8-2 脑啡肽神经元的轴突终末与一级伤害感受神经元的突触前末端形成突触。当中脑导水管周围灰质中的脑啡肽神经元对创伤性损伤做出反应时,脑啡肽被释放。它与其受体结合,导致 K^+ 内流,阻止谷氨酸和 P 物质的释放,阻止二级伤害感受神经元的激活

Ca^{2+}释放到末端，而我们知道Ca^{2+}是动员突触小泡所必需的。最终结果是不释放谷氨酸或 P 物质，不激活突触后膜上的 AMPA 或 NMDA 受体，从而产生很强的镇痛作用。从我们了解到的一级和二级伤害感受神经元之间的突触在伤害感受中的重要作用来看，所有这些都是完全有道理的。

四、下行通路：γ- 氨基丁酸

为了将上述所有内容置于一个连贯的框架中，让我们记住，LTP 和 LTH 的分子特征被认为是我们理解疼痛的主要突破口，并有助于人们寻找针对该通路内源性成分的镇痛药。然而，随着内啡肽系统的发现，很明显，疼痛的感知也受到外部途径的影响，从理论上讲，这可以为药物干预提供额外的靶点。令人惊讶的是，当人们发现安定等抗焦虑药物具有镇痛作用时，这一理论很快就变得实用起来。有证据表明脑啡肽通路并不是唯一的，还有其他影响疼痛的外源性神经递质通路。而且，这些通路不是伤害感受性系统的组成部分，但是与情绪甚至更高级的脑功能有关（图 8-1

第8章 疼痛的外周调节：下行系统

和图8-2）。

安定靶向的通路是使用GABA作为神经递质的。GABA广泛分布于大脑和脊髓，但它的功能与其他神经递质明显不同，因为它不刺激突触后靶点；相反，它会减少或阻止突触传递[7]。大脑含有抑制性神经递质的想法最初看起来很奇怪，直到人们发现GABA的功能之一是防止突触过度放电。因此，当GABA活性降低时，大脑中的神经元会过度兴奋，这可能会导致焦虑、压力、心率加快、高血压和其他一系列问题。焦虑尤其会加剧疼痛。显然，维持GABA功能的最佳水平对临床医生和制药行业是一个挑战。

GABA能神经元位于背角的区域，我们知道这个区域对于传递疼痛冲动很重要。正如我们所预测的那样，这些神经元的轴突与一级伤害感受神经元的突触前末端形成突触（图8-3）。有两种类型的GABA受体，A和B，但嵌入在末端膜上的是A型受体[8]。它有5个亚基，每个亚基都有几个跨膜区和一个非常长的含有GABA识别位点的外部片段。这些亚基可以以不同的方式结合在一起，形成具有中央通道的功能性受体，可以调节氯离子（Cl^-）的进入。注意负电荷：

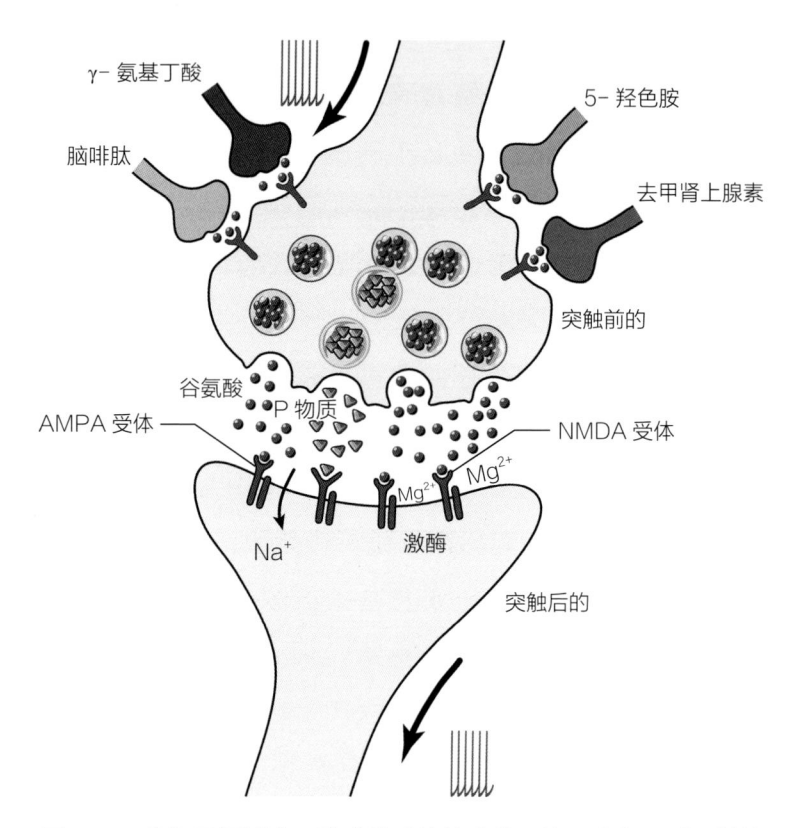

图 8-3 我们已经讨论了脑啡肽系统的功能。这里我们看到了其他调节疼痛的下行通路。含有 5-羟色胺、去甲肾上腺素或 γ-氨基丁酸的神经元的轴突与一级伤害感受神经元的突触前末端形成突触。刺激这些神经元会导致相应神经递质的释放，从而调节谷氨酸和 P 物质的释放，进而影响与伤害感受通路中二级伤害感受神经元的通信

第 8 章 疼痛的外周调节：下行系统

当 GABA 与其受体上的识别位点结合时，通道打开，Cl^- 进入，并通过使膜电位更负而使末端超极化。这减少了从病变部位到达的动作电位能够使末端去极化而引起谷氨酸释放的可能性。换言之，伤害感受通路的抑制或调节取决于 GABA 的水平。降低脊髓中 GABA 水平的疾病或缺陷会使一级和二级伤害感受神经元之间有更多的突触活动，并可能导致痛觉过敏。像普瑞巴林（Lyrica）这样的药物很重要，因为它们提高了 GABA 的水平，从而增强了 GABA 的效果[9]。然而，我们必须记住，GABA 及其受体的功能是防止过度的突触活动。因此，目前尚不清楚人为提高 GABA 水平是否会显著阻断对损伤反应的突触传递。Lyrica 仅被美国食品药品管理局（FDA）批准用于治疗某些类型的疼痛；事实证明，很难设计出真正有效的 GABA 镇痛药来用于疼痛的常规治疗。限制其应用的主要的障碍是由于大脑中 GABA 受体的激活而产生的不良反应，如头晕和镇静，其中大多数受体与痛觉无关。

五、下行通路：血清素和去甲肾上腺素

人们会想，有阿片和 GABA 通路作为伤害感受性通路的外源性调节剂，就足以解释疼痛感知受到外部环境影响的所有方式。

然而，大自然喜欢冗余，特别是对于基本功能，有另外两条下行通路我们需要讨论，因为它们是疼痛药理学管理的重要目标。一个由含有神经递质血清素（也称为 5-羟色胺）的神经元组成，另一个由含有去甲肾上腺素的神经元组成。我们知道这些神经递质很重要，因为临床医生发现，针对这些通路的三环类抗抑郁药可以减轻某些类型的疼痛。

去甲肾上腺素能神经元和 5-羟色胺能神经元的胞体都位于大脑的中心，研究表明，这些中心从负责恐惧、焦虑和其他情绪的回路接收信息输入。去甲肾上腺素能神经元尤其与维持注意力的能力有关，这一点将在接下来的章节中重点提到。5-羟色胺能和去甲肾上腺素能神经元的轴突下行并在一级伤害感受神经元的突触前末端形成突触前末端（图 8-3）。当到达突触前末端的动作电位导致去甲肾上腺素释放到突触间

隙时，去甲肾上腺素能通路的镇痛作用就发生了。去甲肾上腺素与突触前末端膜上的α受体结合，激活抑制突触前电压门控钙离子通道的物质。由于Ca^{2+}是动员突触小泡释放谷氨酸所必需的，这就阻止了二级伤害感受神经元的激活，从而没有信号被传递到丘脑。5-羟色胺的作用更为复杂，因为至少有12种不同的5-羟色胺受体可以影响疼痛的处理。似乎可以肯定的是，背角中5-羟色胺的释放也减少了一级和二级伤害感受神经元之间的信息传递。

六、促进去甲肾上腺素和5-羟色胺的释放

这些描述为理解这两种神经递质如何发挥镇痛作用提供了一个基本框架。实际情况要复杂得多，因为5-羟色胺能和去甲肾上腺素能通路也与背角的其他神经元形成突触，这可能会以其他方式阻止神经传递。

然而，要记住的一个重要事实是，不管有多么复杂，影响这些通路的三环类抗抑郁药已被证明在缓解某些类型的疼痛方面是有用的。

这些药以两种方式发挥功能。首先，我们从经验

中得知，持久的疼痛会导致焦虑，这会导致进行性抑郁状态，并伴随着更强的痛感。因此，像 GABA 激动药一样，抗抑郁药可以通过缓解抑郁来减轻疼痛。然而，抑郁症可能需要数周或数个月的时间才能缓解，而某些抗抑郁药可以在几天内缓解疼痛。时间上的差异表明抗抑郁药的镇痛效应不同于抗抑郁效应，这促使我们努力描述产生镇痛的机制。

神经递质的效能取决于它在突触间隙中以足够高的浓度存在多久，以激活它的受体。由于有有力的证据表明，某些神经递质水平的升高具有有益的影响，因此确定哪些过程控制着突触间隙中的神经递质的命运是很重要的。有些只是被一种特定的酶降解，但还有两个在临床方面更重要的过程可以降低 5- 羟色胺或去甲肾上腺素的水平。第一个过程是通过将每个神经递质回摄入突触前末端而将它们从突触间隙中移除。三环类抗抑郁药可以阻断这种摄取机制，从而能在一段较长时间内维持突触间隙中有效的 5- 羟色胺或去甲肾上腺素水平。一个有点令人惊讶的发现是，这种摄取也能被大麻中的成分所阻断；在下一章中，我们将有更多与此相关的内容。

第8章 疼痛的外周调节：下行系统

第二个过程涉及神经递质被摄取后的命运。其中一些被重新包装成囊泡进行释放，另一些被称为单胺氧化酶的酶破坏。因此，这些通常被称为单胺氧化酶（monoamine oxidase，MAO）抑制药的药物可以阻止5-羟色胺和去甲肾上腺素的降解，以便有更多的递质可以重新释放到突触间隙中。MAO抑制药在缓解抑郁相关症状（如悲伤或焦虑）方面很有用，但它也被发现对某些类型的慢性疼痛有效。然而，正如我们所预料的那样，它们有严重的不良反应，包括停药后的戒断综合征，现在只有在其他抗抑郁药无效的情况下才使用。

虽然三环类抗抑郁药可以缓解一些疼痛，但一个突破性的发现是，5-羟色胺的转运体与去甲肾上腺素的转运体不同，这导致了选择性阻断5-羟色胺摄取的药物的开发[10]。这些选择性5-羟色胺再摄取抑制药（selective serotonin reuptake inhibitor，SSRI）作为抗抑郁药非常成功，包括百忧解、来克沙普罗、帕罗西汀和左洛复，而且很快就出现了去甲肾上腺素再摄取抑制药（norepinephrine reuptake inhibitor，NRI），如瑞波西汀。然而，最终的突破是开发了5-羟色胺和去甲肾上腺素再摄取抑制药（serotonin and noradrenalin reuptake inhibitor，SNRI）。度洛西汀是美国食品药品管理局（FDA）批准用于治疗糖尿病神经病变疼痛的第一种双重抑制药，一篇针对各种摄取类镇痛药的综述表明，SNRI对纤维肌痛和骨关节炎疼痛的镇痛效果最好。然而，由于这些药物在减轻疼痛方面都不是普遍有效的，因而它们被认为是与其他治疗方法联合使用的辅助药物。不幸的是，受体系统的反应性似乎随着疼痛种类、持续时间以及给药方式的不同而不同，这一事实阻碍了这些摄取类镇痛药的进一步发展。此外，这些药物在治疗其他类型的慢性疼痛方面效果很有限。

到目前为止，我们可以很明显地感受到，"疼痛是最复杂的感觉"这一观点一点也不夸张。在之前的章节中，我们讨论了躯体感觉系统在处理病变信息中的重要性。我们现在了解到的是，这个系统只是故事的一部分，因为它不是独立运作的；它还受到能够通过释放内啡肽、γ-氨基丁酸（GABA）等调节疼痛的通路的显著影响。这些神经递质微调痛觉冲动在一级和二级伤害感受神经元之间突触的传递。此外，它们并不同时起作用，但每种递质都能从特定的来源缓解疼

第8章 疼痛的外周调节：下行系统

痛。总的来说，内啡肽系统阻止严重创伤后的疼痛，GABA防止对正常损伤的过度激活，而5-羟色胺和去甲肾上腺素则以"提升"情绪为目的缓解疼痛。这种提升情绪非常重要，因为它将疼痛的控制与大脑中调节情绪、焦虑和注意力的中枢联系了起来。这不仅开始解释为什么疼痛是主观性的，而且，正如我们将在随后的章节中看到的，对大脑中负责这些输入的神经元网络的识别已经产生了几种非药理学方法来管理疼痛。但这并没有削弱开发新的镇痛药的重要性，在下一章中，我们将讨论几个有前途的靶标，并阐述为了将镇痛药推向市场而必须清除的障碍。

注 释

[1] 关于这个有趣故事的更详细描述，请参见 J. Goldberg, *Anatomy of a Scientific Discovery: The Race to Find the Body's Own Morphine* (New York: Skyhorse, 2013).
[2] 细胞和组织含有数百种酶，可以降解受损的蛋白质和其他细胞成分。这些酶通常被封闭在细胞内的膜性隔间中，但它们在均质过程中被释放。内啡肽幸存下来确实是幸运的。
[3] 阿片类物质（opioid）这个词是为大脑中的化合物保留的。阿片剂

（opiate）是一种外源性化合物（如吗啡），它模仿内源性化合物的功能。含有阿片类物质的神经元称为阿片能神经元。纳洛酮以如此高的亲和力结合到受体上，以至于它将取代结合的阿片类物质或阿片剂。这已经应用于临床，含有纳洛酮的鼻喷雾剂可以迅速缓解过量服药后由阿片引起的呼吸窘迫。

[4] M. Brownstein, "Review: A Brief History of Opiates, Opioid Peptides, and Opioid Receptors", *Proceedings of the National Academy of Sciences of the United States of America* 90 (1993): 5391-5393.

[5] 导水管周围灰质以其与位于大脑深处的脑室系列储层的关系而得名。有4个脑室，第3脑室和第4脑室通过一个叫作导水管的狭窄管道相互连接。与导水管相邻的神经元通常被称为导水管周围灰质。

[6] G. W. Pasternak and Y. X. Pan, "Mu Opioids and Their Receptors: Evolution of a Concept", *Pharmacology Review* 65 (2013): 1257-1317.

[7] 想要对这种物质有更全面的了解，请参见 E. Roberts, "Basic Neurophysiology of GABA", *Scholarpedia* 2 (2007): 3356.

[8] 有关 GABA 受体的全面分析，请参见 E. Sigel and M. E. Steinmann, "Structure, Function, and Modulation of GABAA Receptors", *International Journal of Biological Chemistry* 287 (2012): 40224-40231.

[9] Lyrica 是一种钙通道阻滞药，它还可以增加 GABA 合成酶的活性，从而提高 GABA 水平。促进活性的药物称为激动药，与阻断活性的拮抗药相反。尽管名为加巴喷丁，但它并不调节 GABA 水平。相反，它阻断了钙通道的一部分，有时被用作疼痛的辅助治疗。

[10] H. Obata, "Analgesic Mechanisms of Antidepressants for Neuropathic Pain", *International Journal of Molecular Sciences* 18 (2018): 2483-2495.

第 9 章 缓解疼痛：药理学方法

许广艳 译 许 力 校

一、药物研发

一种有效的、靶向选择性的镇痛药的成功研发需要数年时间，不仅耗资巨大而且充满困难和挑战。该过程涉及多个环节，严格的标准决定了哪些潜在的候选药物可以进入下一个环节。实际上，很少有刚进入研发过程的化合物成为大众可用的药物。本文首先讨论确定药物研发潜在靶点的几种方法，然后向大家介绍新药研发必须克服的各种难关，以解释为什么将治疗慢性疼痛的药物推向市场如此困难和昂贵。

二、靶点选择

（一）阿片和柳树皮

确定有望缓解疼痛的治疗靶点是研发新型镇痛药的关键。人们最早的发现利用了大自然提供的资源，值得注意的是，在今天，我们许多最有效的镇痛药实际上在古代就得到了认可，尽管古代的镇痛药剂型相对粗糙。古希腊人和古埃及人都知道罂粟未成熟种子具有镇痛特性。由罂粟籽提取物制成的混合物和"灵丹妙药"被人们广泛使用了几个世纪[1]，但直到化学的进步促使其活性成分阿片吗啡得到提纯后，它们的真正潜力才得以实现。吗啡因易引起嗜睡，故以希腊睡眠之神Morpheus的名字命名。1825年，德国的一家公司首次工业化生产吗啡；后来，这家公司成长为Merck制药巨头。一旦确定了有效成分，下一步就是让药物化学家合成衍生物，以寻找更有效的药物形式。从吗啡产生可待因、羟考酮和芬太尼，从可卡因产生普鲁卡因、利多卡因和许多其他镇痛药[2]。

在一些古代文化中，柳树皮提取物是阿片的替代品，1820年，人们检测到其活性成分为水杨酸。40年

第 9 章 缓解疼痛：药理学方法

后，水杨酸被大量生产，但因其纯化形式会引起腹泻和呕吐，故其效果令人失望。随后人们开始寻找其替代品，在 19 世纪 90 年代末，德国 Bayer 公司的 Felix Hoffman 发现乙酰水杨酸（阿司匹林）是一个更好的选择。它以商品名阿司匹林销售，是世界上使用最广泛的镇痛药。

因此，两家大型制药公司的成立，至少部分是得益于古老的镇痛药。

上述药物研制方法来源于从"灵丹妙药"和药水中提取的成分确实有效这一经验证据，但人们尚不清楚这种药物实际是如何产生镇痛作用的，这种不完全的了解影响了药物改进，从而无法进一步研制功效更高不良反应更小的新药。例如，阿司匹林会刺激胃部，科学家们在合成阿司匹林后花了很长时间才发现它可以抑制环氧化酶（COX），我们从之前的讨论中知道这种酶会将花生四烯酸转化为前列腺素的前体。前列腺素的前体是炎症和由此产生的疼痛、发热和动脉扩张的重要介质。头部动脉扩张会产生疼痛。阿司匹林和其他 COX 抑制药（如布洛芬和萘普生）成为最畅销的治疗头痛的镇痛药，统称为非甾体抗炎药（NSAID）。

脑组织与疼痛：神经科学的突破

NSAID 有一个主要缺点：由于一些前列腺素可以保护胃肠道免受胃酸的侵害，抑制 COX 会刺激胃壁，重复使用则会导致消化道溃疡。1988 年，杨百翰大学（Brigham Young University，BYU）的科学家发现了另一种环氧化酶（COX-2）。与原本存在于细胞中的原始 COX（现在的 COX-1）不同，COX-2 主要存在于与炎症有关的细胞中，并且在炎症因子（如细胞因子）升高的环境中其水平会增加。此外，COX-1 和 COX-2 会产生具有不同性质的前列腺素。COX-1 保护胃肠道免受胃酸攻击，而 COX-2 产生与疼痛、发热和炎症有关的前列腺素。值得注意的是，NSAID 可抑制 COX-1 和 COX-2。显然，获得 COX-2 的选择性抑制药是有益的，因为酶在结构上的不同，所以这是可能实现的。在 COX-2 发现 3 年后，Monsanto 公司的 Searle 集团合成了一种选择性的 COX-2 抑制药，最终由 Pfizer 公司以商品名西乐葆（塞来昔布）销售，这是一种选择性的 NSAID，而阿司匹林和类似药物是非选择性的 NSAID。通过选择性阻断 COX-2，塞来昔布可缓解关节炎等疾病引起的疼痛，而不会危及胃部。这个故事说明了两点。首先，如果我们已知药物作用的靶点，

第9章 缓解疼痛：药理学方法

研发有效的药物就会变得更加简单，而这种知识在很大程度上促成了药理学行业的兴起。其次，与COX-2的情况一样，许多靶点是由在大学实验室从事基础研究的科学家发现的。由于这项工作的经费主要来自政府机构的美国国立卫生研究院（NIH）或美国国家科学基金会（NSF），因此药物研发的大部分必要工作不是由制药行业支付，而是由税收支付。

（二）大麻

镇痛药的另一个天然来源是大麻属的开花植物。大麻的干花或叶子，被称为大麻，因其具有致幻、欣快、解痉和镇痛的特性，已经被人们使用了几个世纪[3]。大麻植物的提取物似乎对缓解神经病理性疼痛和炎性疼痛特别有效，但会产生各种不良反应[4]。在美国，由于大麻被认为是一种潜在滥用药物，故确定其镇痛成分的研究受到限制。20世纪90年代这些限制被部分取消，随后有研究表明，大麻为研发治疗所有类型疼痛的药物提供了有希望的新靶点。

大麻含有一百多种不同的化合物（大麻素），但其最明显的行为影响可归因于Δ^9-四氢大麻酚，通常称为 THC。THC 通过与两种受体 CB_1 和 CB_2 结合来缓解疼痛。这两种受体都是介导信号转导的典型 7 次跨膜蛋白。我们在前面的章节中讨论了类似的受体。CB_1 受体广泛分布于整个神经系统，而 CB_2 受体主要位于外周。然而，最重要的是，在导水管周围灰质（PAG）、背根神经节和脊髓背角区域的神经元上发现了 CB_1 受体，这些神经元接受来自一级伤害感受神经元的传入。在丘脑中发现其水平较低。由于这些都是处理伤害性信息的关键节点，很明显 CB_1 受体能够很好地调节疼痛。我们了解 CB_1 受体功能的一个重要进展是发现了大麻素[5]，它是该受体的第一个内源性配体和 THC 的内源性大麻素对应物。

CB_1 受体调节 GABA 能神经元的功能，但它们也被认为在脊髓背角的一级和二级伤害感受神经元之间的突触上发挥镇痛作用。为何这个发现如此的不寻常，因为大麻素是在突触后神经元的末端合成，以响应 Ca^{2+} 内流。因此，它的合成与损伤后谷氨酸对二级伤害感受神经元的激活直接相关。新合成的大麻素被释放到突触间隙，在那里它与突触前末端膜上的 CB_1 受体结合。这种从突触后到突触前末端的交流称为逆行

第9章 缓解疼痛：药理学方法

信号。与 CB_1 受体的结合会引发大麻素发生典型的构象变化，这抑制了电压门控钙离子通道。随后抑制谷氨酸的释放，二级伤害感受神经元的激活被阻止。因此，大麻素通过与 GABA、阿片类药物和与我们之前讨论的下行系统相关的其他递质作用的机制来抑制伤害性信息的传递。由于大麻素降低了谷氨酸激活二级伤害感受神经元的功效，也会影响 LTP 的出现，我们知道这可能会产生长期影响。大麻素通过高亲和力运输系统从突触间隙中去除，并被脂肪酸酰胺水解酶降解。

虽然我们了解了 CB_1 大麻素系统在伤害通路中的功能很重要，但问题是这是否能为镇痛药的研发提供一些新靶点。到目前为止，没有证据表明 CB_1 受体在伤害感受中的作用与其在大脑其他部位的功能有任何不同。因此，任何增加受体功效的处理都将导致同样的，由于 THC 引起的不良反应。更积极的一点是，已有研究报道了 CB_1 受体的亚型，如果其中一种亚型与伤害感受特异性相关，它可能是开发镇痛药的最佳靶点[6]。

大麻还可通过外周的 CB_2 受体缓解疼痛[7]。这些受体主要位于免疫系统的细胞上和介导对机体损害产生炎症反应的细胞上。迄今为止的研究表明 CB_2 受体的刺激不会产生心因性或其他不良反应，这令人鼓舞[8]。CB_2受体被大麻素激活，并且对这种激活如何减少机体损伤后的炎症性疼痛有相当好的理解。我们知道机体损伤会导致ATP和其他物质的释放，其中一些会与伤害感受神经元末端的受体结合。这种结合会导致Ca^{2+}内流，产生动作电位，但也会激活合成大麻素的酶。然后，大麻素被释放到组织间隙中，在那里它与损伤部位炎症细胞上的CB_2受体结合。这是关键的步骤，因为此结合会引起信号转导事件的发生，即促炎细胞因子和其他因子从这些细胞中的释放受到抑制。大麻素还与白细胞上的CB_2受体结合，从而减少它们向病变部位的迁移。因此，与CB_2受体结合引发的事件打击了炎性疼痛的两个主要来源。

大麻素通过与$TRPV_1$受体结合对外周镇痛做出额外贡献。我们之前了解到，机体损伤后$TRPV_1$的激活会导致动作电位的产生，这有助于疼痛信号的传递。然而，我们也知道$TRPV_1$会因配体的持续存在而迅速失活，因此大麻素的存在可能导致这种失活。有趣的是，大麻素能被COX-2灭活。因此，大麻素水平随COX-2抑制药水平的增加而增加，进而增强镇痛作用。

第9章 缓解疼痛：药理学方法

显而易见，即使从这个相对简短的描述中，我们发现研发一种既能激活 CB_2 受体又能促进大麻素合成或阻止其降解的药物，将具有许多优势。目前有研究表明，分解大麻素的脂肪酸酰胺水解酶（FAAH）的抑制药针对炎症引起的疼痛具有显著的镇痛作用，故阻止大麻素降解似乎很有希望。

大麻二酚（CBD）是大麻中另一种受到广泛关注的成分，因其也具有显著的镇痛和抗炎活性，但没有 THC 的精神活性作用。CBD 具有非常多样化的效果。研究表明，它会阻断 CB_1 和 CB_2 受体的活性，从而降低 THC 和大麻素的功效和效力。此外，CBD 还可通过使 $TRPV_1$ 通道脱敏以及抑制 FAAH 对大麻素的降解来减少疼痛信号。证据表明 CBD 能阻止去甲肾上腺素、多巴胺、血清素和 GABA 摄入突触前末端，这引起了药物研发者们的兴趣。我们从第 8 章中了解到，维持这些神经递质的水平会减少一级和二级伤害感受神经元之间突触处的突触传递。如果 CBD 确实阻断了这些神经递质的摄取，即其可取代三环类抗抑郁药和血清素/去甲肾上腺素再摄取抑制药，但这需要更多的研究去证实。目前在加拿大有一款以 Sativex 为商品名销售的CBD制剂，该药目前被用于成年晚期癌症患者中度到重度神经病理性疼痛的辅助治疗[8]。

对CB_2受体和大麻二酚镇痛效果的研究正在进行，但还有其他几种识别CB_1/CB_2受体的内源性大麻素和更多大麻中的化合物有待研究。因为大麻素系统调节机体过程复杂且并未在此讨论，研发者们需要特别注意其不良反应。还有一个问题是可用的各种大麻素制剂的质量。尽管如此，鉴于我们目前所知，很明显，大麻作为疼痛治疗靶点的来源具有很大的前景。

疼痛可以通过在第一和第二级伤害感受神经元之间的突触释放内源性神经递质来调节。但为什么需要这么多神经递质呢？答案是，每一个神经递质都可调节特定程度的疼痛。因此，阿片类药物可以防止严重损伤引起的疼痛，去甲肾上腺素和5-羟色胺可以减轻情绪变化引起的疼痛，而GABA通过防止突触过度放电来限制最常见的疼痛类型。我们仍然不确定大麻素的功能，其作为THC内源性的对应物，可防止疼痛以获得奖赏。一个很好的例子就是跑步者为了达到一个目标而强调自己的身体所经历的"兴奋"。我们将在第10章对此进行更多的阐述。所有这些研究带给我们的一个非常重要的启示是，只阻断其中一种神经递质功能的镇痛药不会缓解所有类型的疼痛。即使是阿片类药物，其对某些顽固性疼痛可能也无镇痛效果。

（三）伤害反应通路中的内源性分子

药物研发的其他潜在靶点是伤害反应通路中与疼痛有关的激酶、通道和受体。但人们如何决定哪一个将是合适的靶点呢？在本文中，合适的靶点指的是一种不广泛分布在机体细胞中的分子。在调节生命所必需的许多功能方面，大自然并没有无限的选择。因此，具有不同功能的细胞拥有许多相同的酶和离子通道。因此，肝细胞含有许多与神经元相同的激酶。即使在神经元中也存在冗余。例如，假设神经元A中的钠离子通道产生导致疼痛的动作电位，而神经元B中的同一通道产生的动作电位沿着完全不同的通路传播，但其结果与疼痛无关。显然这个通道不是一个合适的靶点，因为任何抑制这个通道的药物都会干扰这两条通路。还有其他因素需要考虑。图9-1描述了一种情况，其中四步分子级联对于大多数细胞中的重要功能是必需的，但在伤害感受神经元中介导疼痛。我们可以看到，抑制 A 到 B 步骤的药物将是一种有效的镇痛药，但它也会阻断所有其他细胞中的这种功能。因此，最佳方法是阻止 E 步骤，因其是神经元所独有的。另一种情况是疼痛是由不同的原因引起。此处抑制 A、Z 或 X 将阻止特定类型的疼痛，而抑制 E 将阻止所有类型的疼痛。故我们得出这一显而易见的结论，即科学家在开始合成潜在药物的艰巨过程前，必须非常小心地选择正确的靶点。

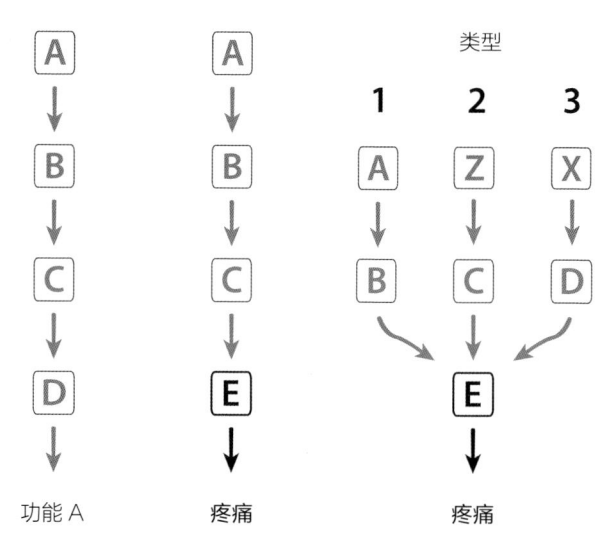

图 9-1　选择一个药物研发的靶点。最优的靶点是 E，因为其最特殊且最接近疼痛这一事件

三、切入靶点

许多被认为是镇痛药合适靶点的位置在中枢神经系统（central nervous system，CNS）中，这又带来了另一个挑战。大脑和脊髓通过高选择性血脑屏障（blood brain barrier，BBB）与身体其他部分隔开，BBB允许离子和营养物质（如葡萄糖）进入，但阻止病原体、毒素和大多数其他化合物进入。这些屏障由排列在大脑和脊髓内毛细血管中的特殊细胞以及与神经元密切相关的支持细胞组成[9]。因此，指定用于CNS靶点的药物必须具有特定的化学和物理特性，这使得药物的设计变得复杂。幸运的是，这些年来已经合成和测试了数千种化合物，并对它们在动物研究中的特性进行了评估。现在人们可使用这些研究的数据来指导药物的设计，期望它能够突破BBB，从而避免广泛和昂贵的测试流程。

一旦BBB的问题得到解决，潜在药物就可进入大脑，但这也带来了另一系列的问题。众所周知，大脑是一个非常精细的结构，任何对大脑功能的干扰都会产生特别严重的不良反应。这意味着药物必须对靶点具有非常高的亲和力，但这可能很难实现。考虑我们在第 8 章中讨论的阿片类药物、四氢大麻酚和其他下行系统抑制药的不良反应。其他例子是设计用于阻断 NMDA 受体的镇痛药，我们知道 NMDA 受体对于晚期 LTP 的发展是必不可少的。有几种 NMDA 受体拮抗药（抑制药）可用，如氯胺酮、美金刚、金刚烷胺和右美沙芬[10]。上述药物可穿过 BBB，能在一定程度上减轻疼痛，但都有幻觉、头晕、疲劳和头痛的不良反应。所有这些都表明，即使是一种设计良好的能进入 CNS 的镇痛药也可能有不良反应。为此，美国食品药品管理局（FDA）最近对进入 CNS 内的所有药物提出了更严格的要求；这使得这些药物更难设计和合成，当然也更昂贵。

与 CNS 中的神经元相反，周围神经系统（PNS）中的神经元可以直接获取循环系统中的药物。然而，即使有了这一显著优势，新镇痛药的研发仍是困难的。例如，$TRPV_1$ 受体 / 通道似乎是一个极好的靶点，因其直接参与了疼痛信号传导。然而，制药业研发 $TRPV_1$ 拮抗药作为疼痛治疗药的几次尝试都失败了。研发过程发现使用此类药物的患者出现了明显且持续

第9章 缓解疼痛：药理学方法

的高热，其体温达到了40℃（104 ℉），这使得一些研究不得不终止。随后，一个能够减少体温过高[译者注：原文是"温度过低"（hypothermia），疑有误]的同类药物又被研发出来，但其削弱了机体感觉温暖和有害热量的能力，故也被撤回。可以想象，这些研发耗资巨大，失败就意味着投资亏损。

然而，我们仍有理由保持乐观。正如我们所讨论的，$TRPV_1$通道是一个通道家族中的5个成员之一，该类药物的不良反应很可能是由于其与该家族的其他成员相互作用所致。因此，如果结构研究可以揭示$TRPV_1$中其他家族成员不存在的位点，那么靶向该位点的药物将几乎没有不良反应。一种方法是确定大麻中的大麻素和其他成分如何使$TRPV_1$脱敏。PNS中还有其他几个成分是缓解慢性疼痛的有希望的靶点，这些将在后面讨论。

四、发现：候选药的选择

一旦确定了一个合适的靶点（如一种活性被认为对疼痛至关重要的激酶），下一步就是合成一种有效的选择性抑制药。效价是衡量阻断一种酶活性所需抑制药的剂量,并且抑制药量越少效价越高。选择性是指抑制药阻断其他酶的相对能力。高选择性抑制药只会阻断靶点的活性,因此不良反应较少。为了了解所需工作量的大小,我们将图9-1中的E视为一种激酶,并且已经决定启动一项合成E抑制药作为镇痛药的项目。第一步是合成潜在的抑制药,这一过程常常会制造出一千种甚至更多的化合物,且每种化合物都必须进行功效分析。在制药业开发出可以相对轻松地测试数千种化合物的机器人之前,该试验过程费力又耗时。

只有能阻断至少95%的E活性的化合物才被认为是可进一步研发的。下一个问题是,大多数蛋白质可以归入不同的家族,这些家族的成员在功能上略有不同,但结构非常相似。例如,E_1可能是激酶家族的一员,而其家族成员E_2和E_3存在于其他不涉及疼痛的细胞类型中。除非抑制药对E_1表现出特别的选择性,否则其他细胞的功能将被阻断,从而产生不良反应。这通常意味着修改每种可接受的抑制药,以获得对E_1比E_2和E_3更具选择性的抑制药。最后,极少数符合效价和选择性标准的抑制药必须进一步测试其他500多种已知激酶，作为其选择性的最终评估。显然，所有这些步骤都需要时间并且耗资巨大。在进入该过程的数千种化合物中，很少有化合物能符合候选药物的标准。但是这些步骤仍然是必须存在的。

五、临床前试验

之后，每个候选药物都要接受一系列严格的测试，以确定其在细胞和组织中吸收、全身分布、代谢和排泄情况[11]。候选药物必须满足每一步骤的标准才能进入下一阶段。这个剔除过程被称为 Go/NoGo，因为不符合标准的候选药物将会被淘汰。随后的步骤是评估药物毒性、在疼痛模型中的功效、到达靶点的途径和不良反应。选择合适的动物疼痛模型非常重要，因为它必须尽可能接近人类的条件。此外，因动物对药物的反应受环境和试验本身性质的影响，故还有许多因素需要仔细控制。一些动物顽固且不合作，而另一些动物可能会非常敏感且反应过度。

所有的测试和评估都涉及复杂的协议，这些协议必须得到监督委员会的批准，并且同样是耗时和昂贵的。很少有候选药物符合既定的标准，通常来说只有一种所谓的先导化合物，能被选中进入下一阶段，即临床试验。

先导化合物的鉴定通常标志着临床前研发的结束。临床试验需要更多的先导化合物，并且正如预期的那样，合成的扩大在试剂的纯度、采用的方法和项目的管理方面受到了严格控制。这个过程耗资巨大，因此在这一点上，大型制药公司通常会签订合同以支持先导化合物的进一步研发。

六、临床试验

一旦获得足够数量的纯化先导化合物，申办者可向 FDA 提交申请，申请内容包括对临床前研究结果的完整描述，以及一份描述药物如何给药，给药剂量，什么标准可以作为药物研发成功的衡量标准等的详细计划[12]。如果获得 FDA 批准，该药物将进入人体试验阶段，人体试验旨在评估所有新药的安全性和有效性。他们可以提供必要的监督，以防止药物有特别严重的不良反应，如药物沙利度胺所发生的那样；其被

第9章 缓解疼痛：药理学方法

用来缓解孕期的恶心，但它的使用导致了数千例婴儿四肢畸形。

该试验过程通常包括三个阶段。第一阶段，药物会被用于多达100名志愿者以确定其整体安全性，如果药物经第一阶段测试是安全的，则会进入第二阶段；第二阶段，涉及数百名正在遭受疼痛的患者，该阶段的目标是优化药物剂量并评估药物的不良反应；第三阶段，该药物会被用于数百甚至数千名疼痛的患者，以评估其有效性并确定药物的长期不良反应。总体而言，临床试验可能会持续长达4年，并耗资数亿美元。

七、说明

本章简要介绍了药物研发的许多步骤，对药物上市所花费的时间、精力和费用进行了评价。由于有如此多的步骤和严格的通过标准，因此许多进入研发阶段的、有希望的化合物未能进一步进行研发也就不足为奇了，而只有极少数进入临床试验的化合物才能真正进入公众视野。每一次药物研发的失败都意味着数亿美元的损失，因此，可以理解许多制药公司不愿意从事新药研发的原因。

当目标是制造镇痛药时，困难会进一步加剧。第一个问题我们已经讨论过，是药物需要通过 BBB；只要重点是靶向 CNS 的组成部分，这将仍是一个问题。第二个问题是一种被称为安慰剂效应的现象，即当患者相信治疗会成功时，即使给予的治疗措施没有治疗效果，患者的疼痛也会得到缓解。这是那些销售不含镇痛成分的镇痛药的人员推销的基础。安慰剂效应为疼痛的本质提供了重要的见解，这将在后续的章节中详细解释。当然，在临床试验中，我们必须考虑安慰剂效应，以确保镇痛药的疗效确实是由药物引起的。该试验必须包括两类人群：接受药物治疗的人群和接受安慰剂治疗的人群。这一步骤大大增加了试验的成本，所以可以想象，当结果显示该药物的效果并不比安慰剂更好时，研发人员是多么的失望。

注　释

[1] 阿片的一种配方阿片酒是由 Theophrastus Phillippus Aureolus Bombastus von Hohenheim（又名 Paracelsus，1493—1541 年）设计的。阿

第9章 缓解疼痛：药理学方法

片酊因其镇痛作用而备受赞誉，维多利亚时期的许多作家和艺术家都曾使用过它。例如，Samuel Taylon Coleridge 最著名的诗《忽必烈汗》(*Kubla Khan*) 是在一场阿片酊引发的强烈梦境之后写成的，诗人 Elizabeth Barrett Browning 依靠阿片酊来获得灵感。然而，人们并不是没有注意到阿片可能会产生有害的不良反应（包括上瘾）。阿片酊的配方随着时间的推移而改进，其中一些配方含有不同数量的酒精，使得这个问题变得更加严重。后者使阿片酊具有娱乐用途的吸引力，直到20世纪，它仍然是一种流行的药物。

[2] 并不是所有的衍生物都是有益的。1874年，Charles Adler Wright 合成了二乙基吗啡，我们称之为海洛因。海洛因作为止咳药比镇痛药更有效，因此得到了广泛的应用。它也比吗啡更容易上瘾。几个世纪以来，一直用于镇痛的药物现在被错误地用来"兴奋"，或者被过量开出用于镇痛。

[3] 从雌性植物的花中分泌的树脂被称为 hashish，它是一种比大麻更有效的精神活性物质。

[4] 参见 E. J. Rahn and A. G. Hohmann, "Cannabinoids as Pharmacotherapies for Neuropathic Pain: From the Bench to the Bedside", *Journal of the American Society for Experimental Neurotherapeutics* 6 (2009): 713-737.

[5] 阿南达胺这个名字取自梵语阿南达（ananda），意思是"幸福、快乐"，考虑到它对大脑中各种中枢的影响，这个词很合适。

[6] Rahn and Hohmann, "Cannabinoids as Pharmacotherapies for Neuropathic Pain", 713-737. 关于大麻素系统的研究进展十分迅速，将会有许多新的结果。想要系统了解，请参阅 S. Vuckovic, et al., "Cannabinoids and Pain: New Insights from Old Molecules", *Frontiers in Pharmacology* 9 (2018): 1259.

[7] 有关 CB_2 受体系统的详细讨论，请参见 C. Turcotte, et al, "The CB_2

Receptor and Its Role as a Regulator of Inflammation", *Cellular and Molecular Life Sciences* 73 (2016): 4449-4470.

[8] 有关大麻二醇的最新信息可以从国家（美国）生物技术信息中心在线获得。

[9] 有关这一障碍的详细描述，请参阅 M. Blanchette and R. Daneman, "Formation and Maintenance of the BBB", *Mechanisms of Development* 138 (2015): 8-16.

[10] D. Jamero, et al., "The Emerging Role of NMDA Antagonists in Pain Management", *U.S. Pharmacist* 36 (2011): HS4-HS8.

[11] 这些被称为用于药物开发的 ADME 属性。许多在线参考资料都详细描述了每一种属性。

[12] 在特定药物可以上市之前，所需的试验类型有很大的差异。镇痛药面临的障碍比治疗癌症的药物更大，后者有时会进入所谓的快车道。采用这一路线的药物没有经过严格的测试，因此生产成本要低得多。一句话：对于一家制药公司来说，开发一种治疗癌症的药物比开发镇痛药更有利可图。有关所有要求的详细信息，可以在 FDA 的在线出版物中找到。

第10章　神经矩阵

周　康　**译**　唐佳丽　**校**

一、意识、觉察、疼痛

前几章从机械论的角度诠释了疼痛，这种观点认为，病变诱发的动作电位在躯体感觉系统内的传播导致了痛感。根据这一观点，疼痛强度和持续时间的适应性变化是由于构成该系统第一通路中固有的一级和二级神经元的分子变化所致。后来我们认识到，这一观点不得不加以修正，因为有证据表明，外部通路——尤其是那些涉及阿片类药物、去甲肾上腺素和内源性大麻素的通路，可以调节第一通路，并改变对疼痛的感知。虽然这些发现扩大了镇痛药开发的靶点范围，但此种药理学方法在治疗疼痛方面并未取得太大成功，在前一章中叙述了一些遇到的困难。尽管如此，外在调节通路的发现还是开拓了对疼痛认知的新的、更为广阔的视野。最重要的是,疼痛可以由负责调节情绪、注意力和焦虑的大脑高级中枢控制。因为我们知道,这些情绪状态会随着环境的不同而改变,所以我们现在可以理解为什么疼痛是主观感受。

认识到我们感觉到的疼痛会受到大脑内部环路的影响,这已经具有变革性,现在我们将开始讨论为什么这会显著改变我们对疼痛的理解。在所有可能的影响因素中,注意力也许是最重要的,因为疼痛的主要目的是让我们意识到伤害。虽然觉察与意识有着千丝万缕的联系,但是对于意识是什么或它是如何产生的并没有共识。虽然觉察与意识可能看起来是一样的,但却有微妙的区别。想象你在街上漫步:你通常意识到周围的环境——天空、树木、房屋、人、汽车等。但当你听到犬吠时,你就会转过身来,察觉到狗的存在。因此,当我们的感官将注意力集中在特定的物体或事件上时,觉察就会产生。换句话说,觉察是意识到某些事物的状态,而不是所有事物。还要注意的是,觉察与感官是同时存在的——在这种情况下,我们察觉到狗的存在,因为我们听到了狗的叫声。记住这一

第10章 神经矩阵

点,因为这一点在本章后面会变得很重要。虽然我们不能详细解释觉察是如何从神经环路中产生的,但我们可以发现最终导致我们察觉到某事的神经环路活动。这一点很重要,因为我们可以故意忽视狗的存在。这是否意味着我们可以故意忽视或意识不到疼痛?就在20年前,答案是否定的,但基于神经科学的最新发展,我们认为现在是时候说"是"了。

我们已经讨论了应激诱发镇痛的现象,在这种现象中,严重损伤后觉察不到疼痛。在理解觉察和疼痛之间的关系上,出现了一个有趣的看法,其来自于20世纪中叶对精神病患者的治疗结果。

一些被认为患有严重精神疾病,或者具有暴力倾向的患者,接受一种被称为额叶切除的手术,用以缓解症状。从本质上讲,双侧大脑半球的前部与脑的其余部分完全分开。在大多数情况下,该手术确实减少了患者的暴力行为,但在一些患者中产生了额外的效果。一位患者在厨房工作时,他触摸了一个热炉子,手被严重烫伤。他承认他应该感到疼痛,但他却说感受不到。显然,手术切断了"觉察到烫伤"与"感知到巨大疼痛"间的关联。这个看法在概念上很难理解,一个人可以在不经历疼痛的情况下觉察到严重的伤害。但它暗示，他对疼痛的漠视是因为额叶切除术分离了躯体感觉系统与大脑中评估疼痛厌恶程度的一个或多个环路。这种连接中断是一种被称作失能的现象，这对我们来说是一个相当大的启示[1]。额叶切除术研究的另一个结果是，这提示我们对疼痛的描述词汇不够。如果我们处在疼痛状态下却意识不到，意味着我们此时不能使用通常意义上的疼痛这个词，这个词至少意味着某种程度的痛苦。因此，我们将使用"痛苦的""伤痛的"或"经历疼痛"来区分对损伤的反应和对损伤的整体觉察。

除了认识到痛苦可以和觉察分离外，我们还知道疼痛能被改变情绪的药物来调节，以及被疼痛发生的背景或环境调节[2]。更准确地说，我们现在可以假设，我们感到疼痛的程度不仅仅由躯体感觉系统（即伤害感受通路、丘脑和感觉皮质）的活动决定，它还取决于大脑中神经环路的输入，这些环路根据周遭环境的情况对疼痛程度进行设定[3]。因此，伤害最终取决于觉察，但伤害同时被恐惧、奖赏、信仰，以及对过去和现在事件的记忆所塑造。所有这些特性都可以归类

第10章 神经矩阵

为疼痛的情感成分，与提供伤害的原始感知的躯体感觉成分不同[4]。这一观点后来被进一步完善。1990年，Ronald Melzac提出，这些情感特性来自大脑中的一些中枢，这些中枢构成了他所说的疼痛的神经矩阵[5]。这一假说对当代关于疼痛的观点产生了深远的影响。

为了确定情感成分在痛苦中的作用，我们将讨论大脑中尚未完全了解的区域的功能。目前还没有关于觉察或奖赏的分子层面描述，但基于对脑损伤和动物模型的研究，人们达成了一种共识，即情感的每个组成部分都有大脑中一组不同的神经元相对应。以此类推，我们不知道视觉是如何从视网膜、丘脑和大脑皮质之间的相互作用中产生，但我们却能知道在视网膜、丘脑和大脑皮质分别涉及哪些神经元。因此，我们有理由认为每种情感属性由位于一个独特的情感模块中的一组神经元负责调控。将有一个负责觉察的模块，另一个负责恐惧的模块。一旦我们定义了每个情感模块，我们就可以合理地将这些模块与组成躯体感觉系统的模块联系起来。下面将介绍几种新的、非常令人振奋的调控疼痛的方法。

二、大脑活动的成像

承认存在情感和躯体感觉成分是一回事,但定位它们则完全是另一回事。对伤害感受通路中分子成分的表征得益于外周神经系统的相对简单的解剖结构和动物模型的应用。大脑相对要复杂得多,在低等脊椎动物的大脑中没有与疼痛对应的区域。幸运的是,技术的进步使得实时观察大脑的活动成为可能。

在以非侵入性方式获得大脑活动图像的几种方法中,功能磁共振成像(fMRI)已被证实是特别重要的[6]。基于应用于人体其他部位的结构磁共振相同的技术,功能磁共振成像是一种改进,它通过观察大脑中血流或氧耗的变化来检测较活跃区域。潜在的前提是,由特定刺激激活的神经元将比邻近的神经元消耗更多的能量,因此需要更多的氧气和血液。fMRI 应用的一个局限性是空间分辨率,它指的是可以检测到的结构大小。因此,不可能看到单个神经元,只能看到较活跃的区域。还有一个就是时间问题,因为神经网络之间的通信发生在毫秒级别,而获取图像需要更长的时间。尽管 fMRI 有局限性,但它在识别参与特定情感的神经元组上非常有用。大多数结论来自于不同的实验室，但均采用了相同的实验方案。对于神经矩阵如何工作以表达疼痛，我们将基于 fMRI，辅以其他手段，提供一个概念上的认识。

三、觉察与疼痛

研究人员使用 fMRI 能稳定地检测到大脑几个离散区域的活动增加，包括在接受急性疼痛刺激的志愿者和遭受持续性疼痛的患者中。其中一个区域由前扣带皮质（ACC）中的神经元组成，ACC 位于扣带回前部表面下方，与每个大脑半球内侧表面的胼胝体相邻（图 10-1A 和 C）。这是非常重要的，因为其他研究表明 ACC 中的神经元介导了对感觉的觉察。因此，我们可以假设 ACC 是使我们觉察到疼痛的情感成分中的一员。

此外，觉察与痛觉感受相耦联，就像对犬吠的察觉与听觉相耦联一样。我们知道，破坏扣带回皮质可以减轻疼痛，因为接受扣带回切除术的顽固性疼痛患者报告说与疼痛相关的痛苦在术后得到立即缓解。他们报告说，他们觉察到了疼痛，但不再令他们烦恼，这与额叶切除术的结果相像。这表明，如果我们能够故意控制ACC的激活，我们就可以减少疼痛。但是，ACC中的神经元是如何被告知存在损伤或其他病变的呢？毕竟，这些神经元位于大脑深处。成像结果提供了答案，在感觉皮质中央后回和丘脑中检测到与疼痛相关的活动。这些都是躯体感觉系统中的脑区，活动的增加是我们所预期的，因为我们知道丘脑环路的激活调节了疼痛的初始强度，而中央后皮质的环路则确定了疼痛的起源。因此，疼痛最初是通过丘脑和感觉皮质之间的相互作用来感知的。然而，我们从那以后了解到感知与觉察相关联。丘脑和皮质相互作用所产生的实际上只是一种潜在的感知。这一关键发现是通过一个可以追踪神经束的方法得到的，该方法发现丘脑和ACC中的三级伤害感受神经元的子集之间存在直接连接。躯体感觉成分和情感成分之间的直接连接意味着从丘脑到ACC的动作电位可以让我们觉察到损伤[7]。

阐明我们是如何察觉到伤害显然是很重要的。然而，觉察也是根据重要性分不同等级的。例如，我们对犬吠的觉察可以立即被警报声和消防车的声音所取代。我们关注消防车，因为经验告诉我们，消防车的声音比犬吠更重要。同样，我们对疼痛的觉察将取决于它发生的背景，因此，对疼痛的认知将受到恐惧、奖赏等情感模块的神经环路影响。因此，我们需要识别相关脑区并将它们与 ACC 联系起来。

四、恐惧与奖赏

杏仁核是大脑的另一个区域，多次都发现在经历疼痛的受试者中该区域被激活。每个大脑半球都有一个杏仁核（图 10-1B），尽管这是一个相对较小的核团，它却是调节情绪的中枢。20 世纪 30 年代的研究表明，切除双侧杏仁核会导致行为的明显改变，其中最显著的改变是缺乏恐惧[8]。这么一小群神经元的缺失可以如此彻底地改变一种基本行为，对我们来说是一个重要启示。同样耐人寻味的是，杏仁核中的神经元有 CB_1 受体，我们知道这种受体是由 THC 识别的。这种关联解释了为什么吸食大麻的人表现为无所畏惧。每个杏仁核都与大脑同一侧的丘脑有投射联系，因此其接受来自伤害感受通路和所有感官（嗅觉除外）的输入。

脑组织与疼痛：神经科学的突破

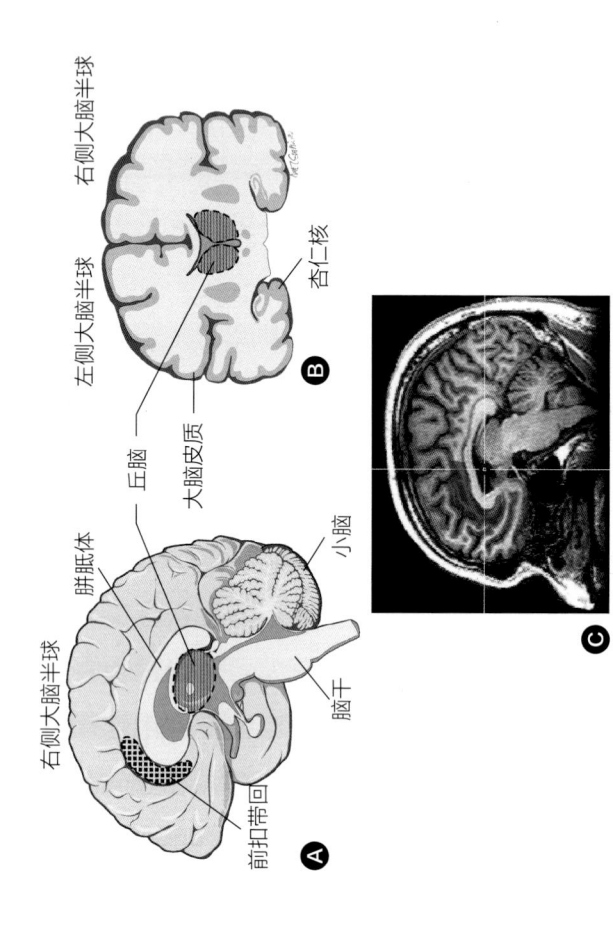

图 10-1　A. 右侧大脑半球内侧（内侧）表面显示丘脑和前扣带回（ACG），而 ACG 恰好位于胼胝体前部的上方，前扣带回皮质（点状区域）由位于前扣带回表面之下的神经元组成；B. 大脑切片显示左右丘脑（条纹）和杏仁核；C. 对有害刺激做出反应的大脑的 fMRI，前扣带回皮质中被激活的区域被强化

182

第 10 章 神经矩阵

假设一个孩子经历过打针的痛苦。这是一种创伤性的经历，当这个孩子下一次看到针头时，他会表现出恐惧，值得注意的是，这种对针头的恐惧会一直延续到成年。实际上，孩子杏仁核中的神经元保留了注射痛的记忆。这与存储在其他脑区的日常事件记忆非常不同。杏仁核中存储的记忆不一定是痛苦的事件，因为杏仁核也储存着特别具有威胁性或创伤性的记忆，例如火灾。这样的记忆对生存有好处，因为火被认为是应该避免的东西。

此外，神经矩阵的情感部分还包含另一类神经元，当该行为得到的好处大于其带来的伤害时，它为行为提供积极的强化和动机。这些神经元位于伏隔核[9]。这个脑区的神经元功能与杏仁核相反，因为如果人们认为奖赏很值得，那么对疼痛的记忆就可以被克服。我们可能害怕打针，但愿意克服注射抗生素带来的预期疼痛，因为打针带来的结果——消除感染性细菌被认为更加重要。奖赏神经网络被认为广泛存在并且在疼痛体验中扮演着重要角色。这一点将在第 12 章讨论。

（一）神经矩阵：绘制疼痛相关神经网络连接图谱

通过将成像结果与那些定义不同神经元群组之间相互连接的技术相结合，我们可以总结出一张疼痛相关的神经矩阵图[10]（图10-2）。

这个模式图展示了与躯体感觉和情感系统相关的各个脑区，并显示了它们是如何通过轴突束连接在一

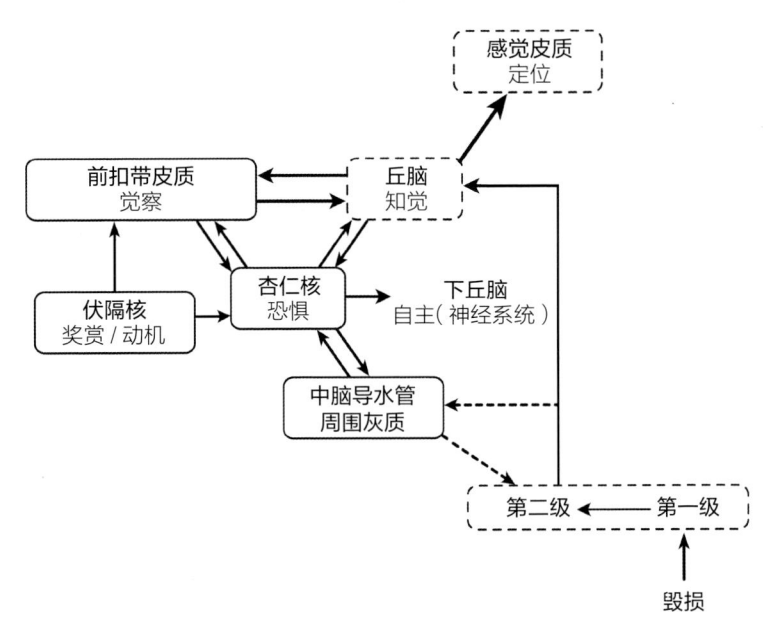

图 10-2 神经矩阵。躯体感觉系统中的脑区（虚线框）和情感系统中的脑区（实线框）之间的相互作用。下丘脑是效应系统的一部分，其与自主神经系统相连接

起的。我们已经讨论过丘脑和ACC之间的连接,其他研究表明,ACC中的神经元亚群与杏仁核中的神经元有相互连接,这与疼痛的觉察有明显的相关。例如,如果一个人过去的经验告诉他接下来将要发生的事会产生痛苦,从杏仁核发出信号到ACC环路将诱发恐惧,同时痛苦将会加剧,就像在没有麻醉的情况下要忍受牙钻的疼痛。也许更重要的是:通过从杏仁核到中脑导水管周围灰质的直接连接,疼痛可以被抑制。这会激活脑啡肽能神经元和其他神经元,同时中断第一和第二级伤害感受神经元之间的突触传递。图10-2还显示了伏隔核和杏仁核之间的投射连接。当通路的激活提供适当的奖赏时,这一通路的激活可以抑制疼痛。通过明确不同脑区之间的关系,我们能开始了解痛苦是如何在各种不同情况下产生的,其中一些情况是可以控制的。

(二)疼痛的实际表现

疼痛的躯体感觉成分和情感成分之间的相互作用发生在大脑深处,只有应用复杂的手段才能检测到。然而,大多数正在经历疼痛的人会表现出对观察者来说显而易见的痛苦迹象，其中许多是由于相对应的下丘脑中神经元被激活（图10-2）。下丘脑位于丘脑的正下方，包含与自主神经系统相连接的一小群神经元。这是一个调节我们内脏、皮肤腺体、血管状态等活动的中枢控制系统。当一个人遭受痛苦或处于压力状态时，从ACC到杏仁核的信号被传递到下丘脑的神经元。来自下丘脑的信号会引起自主神经的激活，这将导致一些症状，如出现出汗、心率加快或流泪，以及痛苦的其他体征。这些通常是衡量疼痛程度的良好指标，临床医生可以使用这些体征来证实患者疼痛的主诉。当嫌疑人被问及犯罪相关问题时，使用所谓的测谎仪可以检测到更细微的压力相关表现。

　　神经矩阵示意图提供了一个可视化的基本原理，解释了觉察、恐惧和动机/奖赏的相关脑区如何通过与躯体感觉相关脑区交互作用来调节伤害或炎症引起的痛苦。现在，我们将讨论另一种现象，它显著增加了神经矩阵理论在理解疼痛上的价值。

五、心理性疼痛

主流观点认为情感成分中的神经环路调节了对病变诱发疼痛的感知。然而，我们最近认识到的是，这些环路还有另一个目的，即在没有损伤或炎症的情况下也能引起疼痛。古希腊人认识到痛苦有生理和心理两方面的原因，《奥德赛》（*Odyssey*）的作者 Homer 将损伤导致的痛苦与精神苦痛区分开来。在现代，两者的区别在于病理生理上的疼痛和心理上的疼痛，医学界有强烈质疑后者存在的声音。许多研究或治疗疼痛的人认为疼痛只是对病变的反应。换句话说，他们否认情感成分相关神经环路的激活本身会导致疼痛。主诉疼痛但无法找到原因的患者被认为是歇斯底里或有某种形式的精神错乱。在这些诊断中隐含着对疼痛是真实存在的以及患者确实在遭受痛苦的否认。然而，许多有趣的证据驳斥以上观点。例如，一位患者说，与他女儿去世时遭受的疼痛相比，排出肾结石的疼痛算不了什么。此外，一位悲伤的寡妇讲述丧夫之痛是她一生中经历过的最强烈的痛。没有理由相信他们没有遭受痛苦。这些患者遭受了数月的痛苦，这意味着疼痛是慢性的。国际疼痛学会最终认可了——纯粹的"心理"原因能导致疼痛。

根据研究领域的不同,"心理性疼痛"一词现已演变为心因性疼痛、精神疼痛或精神痛苦[11]。认识到存在负责疼痛的情感属性的大脑中枢,并且这些中枢的激活可引起独立于躯体感觉成分的疼痛。进一步认可了疼痛可以是慢性的,疼痛能被悲伤、压力,甚至心理社会问题诱发。除了作为疼痛的来源外,心因性疼痛还会加剧病理生理性疼痛,尤其是背痛。

鉴于心理性疼痛没有生理诱因,这意味着躯体感觉通路没有被激活。然而,这不一定正确。过度悲伤会诱发应激激素的释放,从而导致身体的疼痛。这种类型的疼痛被认为是心身的,这部分内容将在第 12 章讨论。此外,丘脑中某些三级伤害感受神经元的激活也能引起痛苦,我们知道这种情况发生在中枢性疼痛时。如果我们回到神经矩阵图上,我们会看到丘脑和 ACC 有相互的投射连接。这被 fMRI 成像结果所证实:因挚爱去世而悲伤的女性,丘脑和 ACC 的活动都增加。我们必须谨慎对待这些信息以防过度解读,但当损伤引起疼痛时,ACC 和丘脑同时被激活,这些发现表明,生理性疼痛和心理性疼痛至少共有一些潜在的神经机制[12]。在下一章中，我们将开始讨论在慢性疼痛的病例中，这些信息将如何被应用。

注　释

[1] 描述这一有趣现象的最早参考资料之一，请参阅 J. I. Rubbins and E. D. Friedman, "Asymbolia for Pain", *Archives of Neurology and Psychiatry* 60 (1948): 554-573.

[2] 梅尔扎克和凯西是最先提出疼痛的情绪决定因素是大脑功能产生的属性的人之一，并且提出它们与那些负责疼痛的感觉和辨别维度的因素截然不同。参见 R. Melzack and K. L. Casey, "Sensory, Motivational, and Central Control Determinants of Pain", in *The Skin Senses*, ed. D. Kenshalo (Springfield: Thomas, 1968), 423-439.

[3] 参见 Melzack and Casey, "Sensory, Motivational, and Central Control Determinants of Pain", 423-439.

[4] 情感是通过面部特征、语调等向他人表达情感的总称。在这种情况下，情感不是针对外部世界的，而是将情绪、焦虑、恐惧等强加于痛苦的表达。

[5] Melzack, R. "Phantom Limbs and the Concept of a Neuromatrix", *Trends in Neurocience* 13 (1990): 88-92.

[6] D. L. Morton, J. S. Sandhu, and A. K. P. Jones, "Brain Imaging of Pain: State of the Art", *Journal of Pain Research* 9 (2016): 613-624.

[7] 有证据表明，丘脑有两个输出；一个是到定位损伤的感觉皮质

的，另一个是到情感区域的。参见 B. Kulkarni, "Attention to Pain Localization and Unpleasantness Discriminates the Functions of the Medial and Lateral Pain Systems", *European Journal of Neuroscience* 21 (2005): 3133-3142.

[8] 杏仁核的损伤导致 Kluver-Bucy 综合征，Kluver-Bucy 综合征以 Heinrich Kluver 和 Paul Bucy 命名，他们描述了由此导致的行为改变。一个有趣的发现是，嗅觉系统和杏仁核之间肯定有联系，因为当一种特定的气味与创伤事件联系在一起时，就会引发恐惧。

[9] 中枢神经系统中的核是一组确定的神经元细胞体，其轴突投射到大脑的其他区域，其树突接收来自其他区域的信息。这些神经元通常只有一种功能。神经节是其在周围神经系统中的对应物。

[10] 有关另一种观点，请参见 E. Brodin, M. Ernberg and L. Olgart, *Neurobiology: General Considerations—From Acute to Chronic Pain*", *Den Norske Tannlegeforenings Tidende* 126: 28-33.

[11] D. Biro, "Is There Such a Thing as Psychological Pain? and Why It Matters," *Culture, Medicine, and Psychiatry* 34 (2010): 658-667.

[12] 我们可以推测，所有的疼痛都需要丘脑神经元的激活。这与丘脑神经元的一个亚群直接参与疼痛的情感调制的理论是一致的。

第11章 脑与疼痛

牟婉滢 **译** 朱阿芳 **校**

本书前几章阐述了机体在应对损伤和炎症时产生疼痛的解剖、细胞和分子机制。在上一章，通过介绍神经矩阵理论，我们了解了21世纪疼痛的研究进展，该理论将神经环路引入疼痛研究中。同时，我们也认识到，即使机体并没有出现躯体损伤，慢性疼痛会受心理因素影响而产生；这意味着，疼痛产生的原因不仅是痛觉传导通路发生病理改变，还是这些神经矩阵的情感成分，其中包括前扣带回（anterior cingulate cortex，ACC）、导水管周围灰质（periaqueductal gray，PAG）、伏隔核和杏仁核中的神经模块，最终形成了意识、创伤和奖赏，所有这些最终产生疼痛感觉。然而，随着研究深入，人们发现，神经矩阵中情感和躯体感觉之间的信息传递并不如之前想象的那样简单。

一、非自杀性自我伤害

ACC 和丘脑神经元之间的联系在因丧亲所致心理痛苦中起关键作用。但最近的影像学研究表明，这种神经元之间联系的重要性并不局限于悲伤情绪，其还参与到很多其他情形当中，我们统一称为社会苦恼。这些苦恼可以是表白被拒、遭受社会排挤或者求职失败。重要的是，在某些情况下，这种被拒绝是如此深刻，就如同丧亲一般，会导致疼痛。那么为解决这些痛苦，甚至有人会演变成非自杀性自我伤害（nonsuicidal self-injury，NSSI），这是自残的一种委婉说法。NSSI 最常见于青年女性，但它在选择不同方式自残的男性中可能被低估。自残的方式有切割和燃烧等，这听起来非常可怕，但它并不是自杀[1]。矛盾的是，自残其实是一种通过将思绪从被拒绝的痛苦感受中抽离出来、试图得到缓解的行为。因此，躯体疼痛是为了有意分散心理痛苦。注意"有意"和"分散"这两个词，在接下来的章节中均会提到。许多有自残行为的人表示几乎没有感觉到疼痛，甚至有些人可以演变为追寻快感[2]。心理学家把这种现象叫作"疼痛消失释然"，这非常有意思，因为它表明疼痛的躯体感觉成分可以调控情感成分。而机体对损伤所致疼痛的抑制，最可能是通过激活 PAG 中阿片类神经元所致，就和应激镇痛的机制一样。

二、大脑皮质和疼痛

神经矩阵理论是一个非常大的进步，因为它解释了疼痛感受是如何被负责意识、恐惧和奖赏的神经元所调控的。尽管如此，这些神经元所做的仅仅是改变疼痛。目前为止，一个非常重要但还没有弄清楚的点是，人为什么会痛。试想 1 例前脑叶白质切除的患者：他意识到自己被严重烧伤，但他并不在乎，因为他没有感受到疼痛。因此，意识和伤害涉及的是两套不同的神经系统。由于这种二分类很难概念化，所以我们得重新审视疼痛到底是什么。首先，我们要意识到损伤所致疼痛是一种正常体验，除非它后来被神经矩阵中的模块所修改。其次，疼痛能被奖赏系统减轻或者被来自于杏仁核的恐惧加重。意识也非常重要，前脑叶白质切除的患者能够意识到自己受伤，那又是什么抑制了他的疼痛？一种公认的解释是，和 ACC 相连的一个或者多个连接被手术所切断。因此，伤害不是由神经矩阵中的成分所单独决定，它还包括了来自于参与认知的更高级大脑中枢神经元的信号传入。简而言之，这些神经元会评估每种感觉，并且针对疼痛出现时的许多紧急情况作出最重要的决定。这种评估可以是基于环境、期望甚至是信念。而在明白这一切是如何发生的之前，我们需要多了解一些关于两个大脑半球的构成。

每侧大脑半球分为五叶（图 11-1A）。其中四叶（额叶、顶叶、枕叶和颞叶）可以通过表面标志区分，而第五叶——岛叶，因位于大脑半球的下边界并被隐藏到了褶皱中而无法看到。每个脑叶表面正下方是皮质，它由数十亿个神经元组成，正是这些神经元将人与低等灵长类动物的行为区分开。在 20 世纪初，神经解剖学专家 Korbinian Brodmann 对整个皮质的神经元进行染色，他发现根据神经元形态和组织类型的不同可以将皮质分为 52 个区域（图 11-1B）。他的发现证实了当时的一个新想法，即虽然大脑看起来是一样的，但它实际上根据功能不同可以划分为不同区域。前面我们已经讨论了接收身体感觉信息的皮质区域，这些区域可以绘成一副拓扑图。由于大脑区域记录和影像学技术的进步，人们随后发现每个区域的神经元可以进一步分为更离散的功能区域，从而让这幅拓扑图现在包含了数百个分区[3]。每个分区的神经元和同侧大脑半球的其他皮质神经元相互交流，或者通过大胼胝体中的轴突与对侧大脑半球进行交流。有些还与皮质下神经元相互连接，如丘脑通过感觉神经将信息传递给皮质。皮质中又有数十亿个神经元及数万亿个连接负责处理这些信息，并以未知的方式决定对周围环境做出何种反应。

损伤可以说是最重要的一种信息，通过功能磁共振成像（functional magnetic resonance imaging，fMRI），可以确定感受疼痛时神经矩阵中有哪些模块参与。据悉，针对特定情境下发生的损伤，有三组皮质神经元参与损伤评估。第一组由位于 ACC（图 11-1）中的神经元组成，它们参与感觉意识；这在第 10 章已经讨论过。其余两组（岛叶皮质和前额叶皮质）则更重要，它们分别负责疼痛认知和评估。

（一）岛叶皮质

岛叶皮质（insula cortex，IC）神经元位于每侧大脑半球深处（图 11-1C），根据和其他皮质及 ACC 神经元的连接，又进一步分成一些亚区[4]。它们和 ACC 的连接非常重要。丘脑向 ACC 的信号传入提供了感觉信息——触觉、视觉、听觉、嗅觉、味觉，这些能让人感知身体外面发生的事情。但这些感觉并非同等重要，因为生存法则要求我们专注于最重要的感觉。因此，在 IC 和 ACC 之间形成了非常重要的网络用以评估感

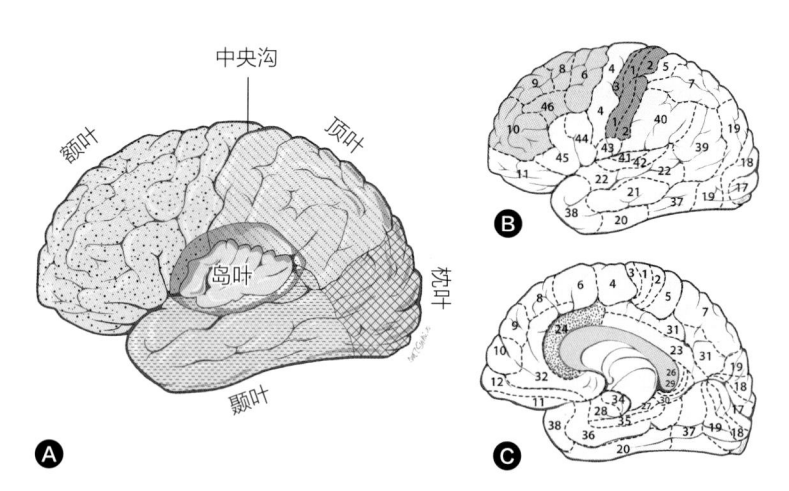

图 11-1　A. 左侧大脑半球的五叶，通过抬高额叶和顶叶的下缘暴露岛叶；B. 左侧大脑半球的外表面，展示的是由 Brodmann 确定的皮质图，浅灰色表示包括前额叶皮质区域，深灰色区域是指包含感觉拓扑图的躯体感觉皮质；C. 显示右侧大脑半球内表面和包括前扣带皮质（深灰色）和胼胝体（浅灰色）区域的剖面

觉的重要性。任何时候似乎我们都只能注意到一种感觉。还记得我们如何将注意力从犬吠转移到消防车警笛上的吗？根据以往经验，我们认为警笛比犬吠更重要。重要性这一认知也由来自其他皮质区域的连接所塑造，这些区域根据情绪对特定感知进行主观评价。例如，感知也许会引起恶心、恐惧甚至是幸福。IC 中的神经元善于处理伤害或损伤信息，神经成像始终显示 IC 神经元被伤害性刺激激活，并且电刺激 IC 会引起疼痛，如针刺或灼烧感。

我们对疼痛的认识现在又新增了一个层次。正是丘脑和 ACC 中神经元之间的联系让我们意识到感觉，但却是 ACC 和 IC 之间的连接决定了何种感觉值得关注。另外，需要注意的是，这些连接会带来一定程度的伤害。当然，我们希望来自于丘脑有关损伤的这些信息可以具有优先权并且能够被特别注意到，但这并不完全正确，因为根据以往经验，在某些特定情况下，疼痛感受能被其他刺激所分散。这些刺激可以是爱抚、音乐、恶臭和任何吸引我们注意的事。与疼痛被分散相反的是，在预期会出现疼痛时，IC 也会被激活。因此，IC 在判断疼痛是否具有伤害性方面十分重要，这对于疼痛管理具有重要意义[5]。

（二）前额叶皮质

前额叶皮质（prefrontal cortex，PFC），顾名思义，指的是位于额叶前区的皮质神经元（图 11-1A）。它的功能也许是最重要的，因为正是它们将我们与其他灵长类动物区分开来，但我们却对此知之甚少。PFC 中的神经元与大脑大部分区域高度互连，包括与其他皮质、皮质下和脑干部位的广泛连接。因此，PFC 是庞大网络的重要组成部分，它能区分相互冲突的想法和决策，并通过预测潜在结局来确定哪一种想法可以实现既定目标。我们知道，期望与奖赏和动机相关，这些在疼痛调节方面都有非常重要的作用。决策的制订还依赖于之前的记忆，所以 PFC 亚区的神经元（第 46 区，图 11-1B）很重要，因为它们可以通过对比当下的认知和对过去事件的记忆来评估疼痛的潜在意义[6]。这种针对伤害或其他类型损伤做出的合理反应，与杏仁核中储存的记忆完全不同，杏仁核中的记忆是针对先前曾受过创伤的情况做出反射性反应。

总之，IC 和 PFC 中的神经元对疼痛感受起了三个层面的作用。第一个层面是躯体感觉系统，其编码了关于损伤位置、潜在强度和疼痛持续时间等基本信息；第二个层面是神经矩阵中的有效成分，其感受到损伤并且根据之前的经验来调节疼痛；第三个层面涉及对损伤的主观评价，这种评价是基于知识、情境和情有可原等情况来传达相关性。因此，我们认为，疼痛的伤害作用源于 ACC、IC 和 PFC 神经元的累积作用。其中，IC 和 PFC 的作用尤为重要，它们表明疼痛感受依赖于更高级大脑功能，且能被意识控制。

三、受虐癖和情境

受虐癖广义上包括任何通过神经环路活动以降低疼痛感受的行为。想象一个愿意为了一个重要奖项而忍受一切疼痛的运动员，再如俗语"没有痛苦就没有收获"，这其中涉及意识、奖赏和动机的情感模块。更复杂的是，疼痛受情境调节。性受虐癖是指机体通过某种形式的疼痛（或奴颜婢膝）以获得性快感的情况[7]。当一组受虐癖志愿者暴露于一种公认的疼痛刺激时，其产生的疼痛强度与对照组没有差异，大脑 fMRI

也显示被激活的是我们之前讨论过的同一区域。然而，当受虐癖者在观看令他兴奋的受虐图片时，再向他们予以之前相同的刺激，疼痛强度与对照组相比却显著降低。fMRI 结果显示，与对照组相比，ACC 和前 IC 活化程度增加。我们知道，区域神经元通过相互交流以确定信息重要程度，这意味着受虐图片被评估并且被认定为是能够获得兴奋和减轻疼痛的重要事情。因此，受虐图片改变了疼痛刺激这一情境。值得注意的是，受虐癖者大脑中参与奖赏处理的区域活动并没有增加[8]。此外，疼痛的减轻与 PFC 中任何活动都无关。这种无关很有意思，它与一项观察虔诚宗教徒对疼痛刺激反应的研究结论截然不同。该研究表明，当受试者观看具有特殊宗教意义、而不是没有意义的图片时，疼痛明显减轻。但这种疼痛调节就和 PFC 活动增加有关。与受虐癖者一样，这些图片也改变了疼痛刺激这一情境。所以，情境评估所涉及的神经环路应该是位于 PFC 而不是 IC，IC 可能与积极宗教体验的强大记忆相关。关于受虐癖者和宗教徒的研究都显示，情境能通过调动大脑不同区域来减轻疼痛。我们接下来将讨论几种不同情境是如何减轻疼痛的。

四、安慰剂效应

应激镇痛效应无疑是一个关于大脑如何调节疼痛的非常典型的例子，但在极端情况下，它是生命面临威胁时最基本的反射。另一个非常深刻又具有临床价值的、关于意识控制疼痛的例子就是安慰剂效应，即疼痛在假治疗时可以被缓解[9]。安慰剂的方式多样，可以是假药丸、生理盐水，甚至是一种仪式。通俗文学中记载的轶事和临床研究都清楚地表明，疼痛可以被一些没有直接治疗效果的方式所缓解。我们都听过江湖骗子通过兜售不含任何镇痛成分的所谓神药而从中获利的故事。与此类似，萨满人及其相似族群通过说服人们去相信疼痛可以被只有他们知道的秘密仪式来减轻，以从中获取权力。当然医学界有许多人对此质疑，如果疼痛可以通过假治疗的方式缓解，那么声称疼痛的人也可以是假装的。这种怀疑直到一项研究出现才得以平息，该研究明确表明，约33%的疼痛患者可以通过服用糖丸得到缓解[10]。一旦安慰剂被认为是缓解疼痛的有效方法，确定与伤害感受通路没有任何联系的治疗到底是如何抑制疼痛的就变得非常重要。

（一）背景

事实证明，安慰剂能否成功减轻疼痛取决于许多因素，包括给予安慰剂的人，如是医生还是陌生人，患者对治疗的了解程度，来自他人的鼓励，还有患者情绪等。一般来说，如果患者相信治疗会成功，安慰剂更有可能减轻疼痛。因此，如果患者之前一直在服用可以减轻疼痛的药物，当他在不知不觉中服用了看起来相同但实际上是安慰剂的药物后，疼痛依然会继续得到缓解。相反，如果患者对治疗效果持怀疑态度，则安慰剂成功的可能性要小很多。所以，这种安慰剂治疗成功就与患者知道药物在过去是有效的、相信疼痛可以缓解是相关联的。我们知道这两者都与 IC 和 PFC 中的神经环路有关。所以接下来就是看给予安慰剂患者的大脑中哪些区域被激活。

（二）安慰剂效应和大脑活动

表现出成功安慰剂效应的患者，其 fMRI 检查提供了非常好的信息，即大脑哪些区域在疼痛减轻时是活跃的[11]。影像技术检测到 PFC、伏隔核和 PAG 的活动增加，而丘脑、ACC、躯体感觉皮质、杏仁核、前 IC 和脊髓的活动减少。有研究表明，PFC 与 ACC 和 PAG 相连，后者又与伏隔核相连。鉴于我们已经了解这些区域在疼痛中的作用，那么可以将所有这些信息整合，以解释安慰剂是如何起效的。接受安慰剂的受试者所处的环境促使他们相信治疗会成功。这种信念的强化涉及 PFC 中皮质神经元的激活，这些神经元可以发送信号辐射到大脑其他中枢，其中包括 ACC 和伏隔核。PFC 和 ACC 还参与到虔诚宗教徒通过观看有宗教意义的图片来减轻疼痛的机制中。

　　伏隔核是奖赏系统的一部分，可以激励受试者服用药物。信号传入 ACC 可以降低其神经元的活动，最终减轻疼痛感受。从 PFC 到 PAG 的传入信号可以激活阿片类神经元，这些神经元轴突下行到脊髓，通过释放阿片类物质阻止伤害感受通路中一级和二级伤害感受神经元之间的突触传递。这可以防止损伤引起的动作电位上传到大脑，从而减少丘脑、躯体感觉皮质和 ACC 神经元活动。诚然，这里面有一些是猜想，但 PAG 的重要性已被一项研究证实，该研究发现安慰剂效应可以被阿片受体的阻断药纳洛酮所阻断。

这些研究也证实了早先的发现，即神经矩阵不是一个封闭的系统，而是一个可以被更高级中枢决策管理的系统。关于安慰剂效应的研究非常重要，它们表明 PAG 的激活是受 PFC 和 IC 的神经环路所控制。由于这些环路对 PAG 施加意志控制，因此，或许可以通过有意识地激活 PFC 和 IC 来抑制疼痛。

除影响疼痛外，安慰剂还可以激活我们之前讨论过的、大脑连接到下丘脑的中枢。下丘脑传出信号可以影响自主神经功能，如安慰剂组的受试者就表现出心率和血压的变化。安慰剂效应与身体功能之间的联系促使了一个想法形成，即安慰剂可以消除疼痛产生的原因。不幸的是，许多研究表明这种意识和身体之间的连接并不存在。

五、假说

上述关于安慰剂的讨论可以得出一个结论，即疼痛感受可以通过调节 ACC 和 PAG 中神经元的活动来控制。减少 ACC 的活动可以通过降低意识来减轻疼痛，而 PAG 中神经元的激活会导致脊髓内源性阿片类物质

第 11 章 脑与疼痛

的释放，从而阻断通往丘脑的伤害感受通路。

许多古老的文化中，尤其是在东方和印度，人们认识到有些人会进入恍惚状态，处于这种状态的人对现实的意识会被削弱，这提醒人们可以通过使用各种形式的冥想来减轻压力并改善健康。19 世纪中期，德国医生 Franz Mesmer 在欧洲推广了一种这样的做法，即诱导人们进入"Mesmerized"状态。Mesmer 现在被认为是催眠之父[12]。他通过使用各种方法来催眠受试者，经常使用的就是音乐，他认为这是一种绕过意识的方式。可能性更大的其实是，音乐是一种分散人们注意力的方式，它可以让受试者专注于某一种事而不是所有事，这就是为什么口腔科医生会经常在办公室播放音乐的原因。催眠术曾被引入医疗实践中，但因其与室内游戏和魔术表演有关很快又失宠了。然而最近催眠术（作为催眠疗法）又再次复兴，被用来治疗疼痛、焦虑、失眠和其他问题。

不幸的是，只有约 10% 的人可以进到深度催眠状态。大多数人可以达到中等水平，有 10% 根本无法被催眠。进入深度催眠的人会进入一种状态，在这种状态中，注意力会非常集中，对周围环境的意识会降低。

205

斯坦福大学 David Spiegel 医生的团队研究了催眠患者所涉及的大脑活动区域[13]。他们发现，意识与ACC 是相关的，深度催眠受试者的大脑图像，就像那些相信安慰剂有效的人一样，ACC 的活动是减少的。当催眠患者接收来自疼痛方面的用词干预时，有趣的事情发生了。当他们被告知将遭受疼痛时，ACC 活动增加，而被告知疼痛实际上不会带来伤害时，ACC 活动则减少。这些变化还与前额叶和其他皮质区域的活动相关，这就可以解释为什么催眠患者表现出对特定事物或想法的高度专注。这些研究非常重要，它们表明疼痛程度的增加或减少与ACC神经元活动直接相关。

六、针灸

针灸作为治疗疾病的方式，起源于距今至少 2000 多年前的中国。医者根据经络理论，在患者身上选择穴位，以特定的角度、深度的深度刺入针具，或者进行艾灸[14]。经络被认为是人体传递一种生命能量的通道，也就是"气"。每条经络都与特定的器官相关联。各个器官都由两部分组成：阴（被动和黑暗）和阳（主动和光明）。当两种力量不平衡时，就会引起疾病或疼痛；针灸的目标就是通过调节经络以恢复平衡。针灸最早从中国传播到日本和印度，现在已在全世界范围内盛行。没有解剖结构或标志能够定义经络。因此，扎针位置和扎针深度会因施针者而不同，在一些情况下，还可能使用到电针。尽管操作差异具有明显主观性，但有证据表明，针灸比安慰剂更有效，尤其对于腰痛患者。正如之前预料，影像学研究表明，大脑许多区域都参与针灸治疗的机制中，但关于疼痛矩阵中具体哪一模块负责还不清楚。有研究表明，针灸通过引起阿片类物质释放来缓解疼痛。因此，针灸可能就像安慰剂一样，通过激活 PAG 神经元活动起作用[15]。

七、冥想

一方面，催眠和安慰剂效应表明大脑可以被诱导从而忽视疼痛。但这两个过程都是由外部因素触发：催眠师或给予安慰剂的人。另一方面，冥想是一种通过自我操作就能实践的方法，这使得冥想作为一种缓解疼痛的方法得到了广泛应用。几千年来，佛教僧侣一直在践行冥想，并声称修行者可以将疼痛与伤害意识分离。这恰好是在前脑叶白质切除术患者中所发现的。在下一章，我们将阐述神经矩阵理论是如何用来解释各种各样的冥想练习能从根本上改变疼痛体验，以及这些练习是如何在没有药物的情况下调节疼痛的。

注　释

［1］区分非自杀性自我伤害（NSSI）和企图自杀所致的伤害可能很困难。NSSI 的标准包括在一年中有 5 天或 5 天以上无自杀意图的自我残害。其动机必须是想努力从因为失败、拒绝或自我厌恶而产生的强烈负面情绪中获得暂时缓解。

［2］印度教中苦行者会实行自残行为，这在天主教和伊斯兰教中被称为肉体的屈辱，是赎罪的一种形式。

［3］请注意，成像技术有足够的分辨率来识别比 Brodmann 描绘的区域更小的区域。

［4］L. Q. Uddin, et al., "Structure and Function of the Human Insula", *Journal of Clinical Neurophysiology* 34 (2017): 300-306.

［5］关于岛叶皮质的功能，有很多东西是未知的。令人着迷的是，IC 中的神经元也是通过观察他人疼痛来激活的，这是同理心的一种表现。

［6］Meta 分析是对从其他人发表的几项研究中收集的数据进行的统计评估。通过从多个来源收集数据，受试者的数量增加了，研究

第 11 章 脑与疼痛

结果的有效性也增加了。考虑到这一点，请参阅 P. Yuana and N. Raz, "Prefrontal Cortex and Executive Functions in Healthy Adults: A Meta-Analysis of Structural Neuroimaging Studies", *Neuroscience & Biobehavioral Reviews* 42 (2014): 180-192.

[7] S. Kamping, "Contextual Modulation of Pain in Masochists: Involvement of the Parietal Operculum and Insula", *Journal of Pain* 157 (2016): 445-455.

[8] 情况更加复杂，因为受虐癖者大脑中涉及处理视觉信息的区域活跃度增加。这是意料之中的，因为疼痛的减轻取决于观看图片。参与记忆的区域也被激活。

[9] 我们已经讨论了这样一个事实，即疼痛可以通过对疼痛没有实际效果的治疗来缓解；这使得镇痛药物和其他治疗方法的开发更加复杂。只有对结果进行仔细控制和统计分析，才能区分真假。

[10] 有很多关于安慰剂效应的论文；下面的文章给出了一个很好的总结，并为进一步阅读提供了参考：T. D. Wager and L. Y. Atlas, "The Neuroscience of Placebo Effects: Connecting Context, Learning and Health", *Nature Reviews Neuroscience* 16 (2015): 403-418.

[11] Wager and Atlas, "The Neuroscience of Placebo Effects", 403-418.

[12] "催眠"（hypnosis）和"催眠"（hypnotism）这两个词都源于 1820 年 Étienne Félix d'Henin de Cuvillers 首创的术语"神经催眠"（神经性睡眠）。催眠术是由苏格兰外科医生 James Braid 普及起来的，他在自己的诊所中使用并推广催眠术，认为它对身体有益处。他认识到催眠术与东方冥想和瑜伽练习之间有联系，这很有先见之明，我们将在涉及冥想在缓解疼痛方面重要性的章节中详细讨论这些问题。有许多非常有趣的在线资源，在讨论 Mesmer、Braid 和催眠的历史。

209

［13］H. Jiang, et al., "Brain Activity and Functional Connectivity Associated with Hypnosis", *Cerebral Cortex* 27 (2017): 4083-4093.

［14］疼痛治疗的替代疗法有致幻、超自然治疗，以及来自东方的针灸。Willem ten Rhijne 对这种独特的治疗技术特别感兴趣；1683 年，他发表了一篇从了日本导师那里学习的、关于针灸的、详细介绍的文章。根据他的介绍，针灸依靠精确地插入细针或艾灸来影响贯穿全身的"经络"。但到目前为止，还没有找到与经络相对应的解剖结构。

［15］Han, J-S, "Acupuncture and Endorphins", *Neuroscience Letters* 361 (2004): 258-261.

第 12 章　大脑认知调节疼痛觉知[*]

李默晗　孙琛 **译**　裴丽坚 **校**

一、疼痛矩阵

缓解疼痛一直是历史上人们奋斗的目标。在西方文化中,缓解疼痛很大程度上依赖于药物——古时候有酏剂和阿片,近代以来有专门针对伤害感受通路中某些特定分子的药物。尽管研制出针对慢性疼痛的有效镇痛药还是有希望的,但对许多人来说,疼痛依然持续存在且似乎无法治愈。幸运的是,随着神经科学的不断发展,通过非药物的方法来控制疼痛已成为可能。我们已经了解了调节疼痛的三个基本要素:神经矩阵的躯体感觉功能区和情绪功能区,以及存在于大

---

[*]. 译者注:由于中外文化差异,译者在翻译本章时对部分内容做了删减。

脑皮质特定区域的认知中心。这些区域并不是孤立的，而是作为互相联系的巨大网络的组成部分，我们将其组合形成一个疼痛矩阵（图12-1）。神经矩阵的这种扩展反映了情绪系统中的各功能区受到前额叶和岛叶皮质中的神经环路的调节。在本章中，我们将探讨如何利用这些发现来开启一个疼痛管理的新时代，即人为调控疼痛矩阵中的功能区以改善持续性和慢性疼痛。

二、严重的长期疼痛和疼痛矩阵的变化

我们定义了两种长期疼痛，即持续性疼痛和慢性疼痛。持续性疼痛是机体对干预（如手术）、严重损伤或炎症的正常反应，通常持续不超过4～5天，在损伤消退后即可消失。这种疼痛通常可以通过短期使用处方类镇痛药来治疗，但对某些疼痛严重的患者则需要使用可能有严重不良反应的镇痛药。慢性疼痛是机体对损伤或干预的异常反应，通常持续3个月甚至更长，并且持续时间长于预期的损伤愈合时间。例如，腰背痛以及复杂区域疼痛综合征、肠易激综合征、癌痛和神经病理性疼痛等疾病。除非长期使用阿片类药物，

第 12 章 大脑认知调节疼痛觉知

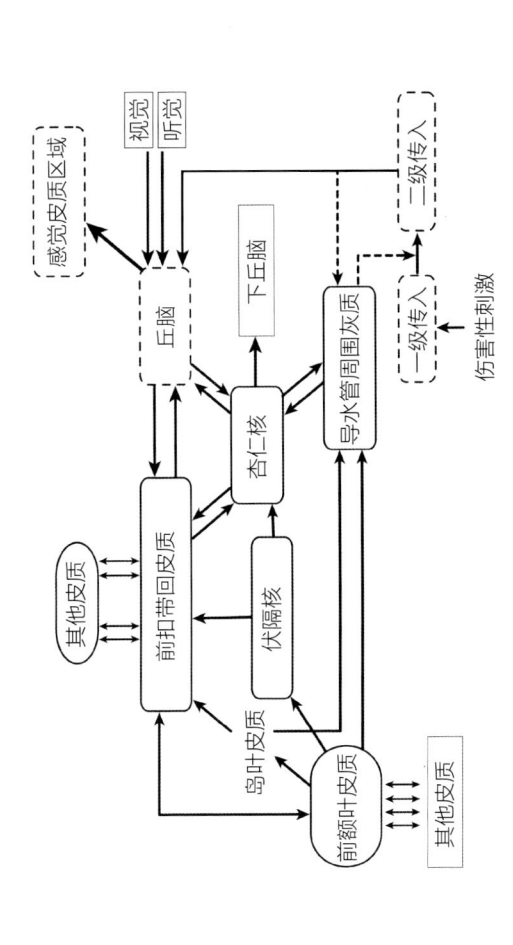

图 12-1 疼痛矩阵。由大脑皮质各区域，以及神经矩阵中情绪系统（实线框）和躯体感觉系统（虚线框）的各功能区之间相互联系组成。下丘脑的神经元激活自主神经系统，由此控制身体对疼痛的反应，如痛苦表情、流泪、出汗等

213

大多数慢性疼痛对治疗没有反应，但这也往往伴随着大量不良反应。慢性疼痛可能是持续的，也可能是由轻微的触摸等刺激引起的。最麻烦的是不明原因的慢性疼痛，如纤维肌痛，这是一种骨骼肌肉疾病，其特征是慢性广泛的疼痛和敏感（痛觉过敏和异常性疼痛），而没有外周组织异常的证据。

好消息是，对慢性腰背痛或纤维肌痛患者的影像学研究表明，疼痛是由于疼痛矩阵中一个或多个神经元回路的异常活动造成的[1]。这意味着我们不需要在大脑的其他地方寻找原因。其中最常见的是岛叶皮质（insula cortex，IC）、前额叶皮质（prefrontal cortex，PFC）、前扣带回皮质（anterior cingulate cortex，ACC）和杏仁核的活动增加（图12-1）。PFC的激活似乎与慢性背痛的强度相关，而杏仁核活动的增加会增加恐惧因素。还有一些迹象表明慢性疼痛患者疼痛矩阵功能区之间的相互联系也发生了改变，不过当疼痛被成功缓解后，这些神经元活动和异常改变似乎可以逆转。

尽管这些研究似乎忽视了伤害感受通路在慢性疼痛中的作用，但它们是在已经明确发生了疼痛的患者身上进行的。在下一章，我们将讨论阻断伤害感受通路中的特定环节将如何防止疼痛转变为慢性疼痛。本章节我们将聚焦疼痛矩阵中各功能区之间的交互将如何影响疼痛感觉。

三、情绪和认知功能区对疼痛的调节

我们已经了解到，伤害感受通路会将损伤严重程度的信息传递到丘脑，继而传递到大脑皮质的感觉中枢。这种信息被转化为编码疼痛强度、疼痛持续时间以及病变位置的信号。丘脑中的神经核团将这些信号传递给大脑的情绪中心，后者又与负责更高行为的皮质系统进行通信（图 12-1）。这个关于疼痛传导过程的描述在几十年前是不可想象的，它意味着所有这些区域之间的相互作用将最终决定大脑对损伤的认知以及我们是否并且在何种程度上会经历疼痛。

四、心身性疼痛

一个重要的问题是，上述这种相互作用是主要发生在一个方向上，即从躯体感觉通路到情绪功能区，还是也可以发生在相反的方向上？这种有趣的可能性使得一些疼痛管理者们相信大脑（心理）可以直接导致身体（躯体）的疼痛，并且可以在没有任何外部病理生理改变的情况下发生。为了用更现代的术语来重新定义这个问题，他们提出了"心身性疼痛"（psychosomatic pain）的概念。他们认为慢性疼痛可能完全来自于疼痛矩阵中活化的功能区。这一理论对疼痛的治疗有明显的影响，也因此在疼痛领域的专家之间引起了激烈的争论。我们知道大脑与躯体进行信号交流首先是通过刺激下丘脑，继而激活自主神经系统（autonomic nervous system，ANS）。如第7章所述，ANS调节基本的机体功能，如心跳和肠蠕动，并控制应激因子的释放，影响新陈代谢和免疫系统功能。因此，引起下丘脑过度激活的因素（如焦虑、极度愤怒、应激等），会通过多种方式引起疼痛，包括增加胃酸的释放引起溃疡，收缩血管使神经纤维缺血，或者刺激免疫系统导致炎症。最常见的心身性疼痛类型是缺血性头痛和溃疡性结肠炎。过度刺激下丘脑还会使现有疼痛加重，如类风湿关节炎。最重要的是，这些引起疼痛的心身性疾病也会表现为身体组织器官的损

第12章 大脑认知调节疼痛觉知

伤,符合我们对神经系统功能的了解。悲伤的人所经历的疼痛可以被认为是心身性疼痛的一种。鉴于这些发现,美国医学专业委员会和美国精神病学和神经病学委员会在2003年批准了心身医学(psychosomatic medicine)这一专业。

在没有病理生理改变的情况下,大脑是否会感受到来自身体特定部位的疼痛?承受这种疼痛的患者往往被误认为患有歇斯底里症或疑病症。这种心身性疼痛的内在假设源于精神分析之父Sigmund Freud(1868—1939年)的开创性研究,他认识到大脑功能的复杂性,并形成了一套解释人类行为举止的理论[2]。他假设大脑功能有不同的意识水平,在考虑疼痛时,最重要的是意识和潜意识之间的冲突。Freud将潜意识视为原始冲动和对创伤性事件的记忆,它们必须被控制,因为它们的表达,即愤怒或其他破坏性行为,可能造成社会混乱和潜在危险。意识则可以控制这些情绪,通过在身体中引发痛苦症状以使注意力分散。该理论的支持者认为,它可以解释多种类型的慢性疼痛,并且这些疼痛也可以通过精神分析疗法缓解,即减轻意识对情绪的这种控制[3]。然而这些想法尚未被医学界广泛接受。单纯从理论层面来看，人们很难相信用使人变弱小的疼痛来代替愤怒的表达是一种明智的生存策略。另外，这种心身性疼痛的一个重要特点是它局限于身体的特定区域，识别疼痛部位需要大脑直接激活皮质感觉中枢的这些特定区域，但目前尚未找到可以介导这种激活的途径。最后，也是最重要的一点，我们不能将大脑功能归因于潜意识，因为我们根本不知道潜意识是什么，也不知道它在哪里。目前并没有潜意识活动的fMRI，它纯粹只是一种概念。明确和理解疼痛矩阵中各功能区的功能有助于我们通过某种方式改变关键功能区的活动，从而缓解疼痛。Freud理论的一些追随者在减轻疼痛方面的确取得了成功，但与大多数替代方法一样，他们首先必须证明这些成功不是由于仔细挑选患者而引起的安慰剂效应。

总之，毫无疑问，躯体疼痛是由下丘脑相关脑回路的过度活化引起的，这种类型的心身性疼痛可以通过药物或咨询来治疗，以缓解焦虑或其他诱发原因。我们将在后文中再次讨论所谓的中枢性疼痛案例，这种疼痛完全来自丘脑的激活。目前尚没有证据支持大多数类型的慢性疼痛是由于潜意识中原始情绪受到抑制引起的。

现阶段我们的目标是了解如何利用情绪的力量来减轻疼痛。想要实现这一点，就需要明确疼痛矩阵中与持续性和慢性疼痛相关的重要功能区。

五、疼痛因认知、信念和奖励而缓解

丘脑最重要的信息接收者是 ACC 中的神经环路（图 12-1）。影像学研究显示，受伤后 ACC 中神经元活动增加，而使用安慰剂成功缓解疼痛或处于催眠状态的患者神经元活动减少（表 12-1）。虽然我们清楚 ACC 对于伤害认知的重要性，但我们也明白伤害认知并不等同于疼痛感觉。相反，正是由于有信号传入 ACC 才使伤害变得痛苦，因此，我们需要确定这些传入信号的来源，以便学习如何减轻疼痛。

前一章，我们提供了从被催眠的受试者那里获得的证据，即 ACC 中神经元的活动对疼痛的伤害性很重要。现在让我们思考一下，当这些被催眠的对象得知，他们会接收疼痛的刺激但不会受到伤害时，会发生什么。值得注意的是，研究结果表明，几乎没有人

表 12-1 特定条件下疼痛矩阵中各功能区的活动变化

	伤害	安慰剂	催眠	预期疼痛	转移注意力
PCG	增加	减少		增加	
丘脑	增加	减少			减少
ACC	增加	减少	减少	增加	增加
IC	增加	减少	增加	增加	减少
PFC	增加	增加	减少		增加
PAG	增加 [a]	增加			增加
杏仁核	增加 [b]	减少			
伏隔核		增加			

注：空白格表示未监测相应功能区
PCG. 中央后回；ACC. 前扣带皮质；IC. 岛叶皮质；PFC. 前额叶皮质；PAG. 导水管周围灰质
a. 极度伤害或应激后；b. 涉及恐惧时

感受到疼痛，同时影像学结果显示 ACC 活动减少。因此，似乎是传入疼痛刺激之前的认知以某种方式改变了 ACC 的活动，并最终改变了对疼痛的感觉。认知是大脑皮质神经元的一种特性，因此，在疼痛减轻的受试者中，大脑皮质神经元的活动有所增加（表 12-1）。ACC 和 IC 之间的相互作用对于最终是否出现疼痛十分重要。当患者用安慰剂成功治疗疼痛时，ACC 对疼痛刺激的反应也会降低（表 12-1）。在这种情况下，患者在一定程度上相信或期盼安慰剂会起作用，造成 PFC 中神经环路活动增加，ACC 和疼痛矩阵的其他区域中对有害刺激的反应减少，导致疼痛得到缓解。

在安慰剂和催眠诱导的镇痛过程中，从 IC 和 PFC 传入 ACC 的活化信号表明了大脑皮质在调节疼痛中的重要性。需要注意的是，IC 和 PFC 的作用无疑比这里描述的要复杂得多。这些区域与其他皮质环路以及彼此之间进行通信（表 12-1），这里将每个区域视为一个孤立的系统还是过分简单化了。它们是更广泛的认知网络的组成部分，根据来自感觉系统、记忆库和情绪中心的传入信号做出决策。特别是 PFC，它智能地引导我们的思想和情绪以适应当前环境。虽然不知道所有细节，但我们仍然可以假设激活 IC 或 PFC 内的神经环路将对疼痛感受产生重大影响。

表 12-1 显示，在使用安慰剂成功减轻疼痛的患者中，伏隔核中的神经元被激活。如前所述，这些神经元在评估决策的价值方面发挥着重要作用，它们与整个大脑的神经环路有着广泛的联系，包括 PFC 中的

认知中心和 ACC 中的意识网络。所有这些联系的主要功能是确定实现特定目标是否会获得足够的奖励，以证明必要的努力是否合理。研究行为的科学家发现，人类有一种与生俱来的价值体系，如果需要付出努力，就会更加重视成果。因此，如果我们很努力地学习数学然后考了高分，会比没怎么学最后轻而易举地考了高分获得更多的满足感。疼痛也可以成为奖励和动力的来源，而伏隔核会帮助我们决定承受一些疼痛以获得我们认为足够重要的奖励。仔细回想就会发现，这个承受一些疼痛的"决定"实际上有两个组成部分，即"接受"和"相信"。拿日常生活来举例，如果我们相信比赛有很大价值，那么我们可能会愿意接受例如举重训练或者跑步冲刺过程中的痛苦。有些时候我们需要非常迅速地做出这种"决定"。例如，如果我们拿起一个很热的茶杯，我们会迅速放下它以避免被烫伤，但如果这个茶杯是一套非常有价值的茶具的一部分，那么我们将忍受痛苦，轻轻地将杯子放在茶托上。在这种情况下，奖励可能是避免了茶杯摔碎的尴尬，或者因为拯救了珍贵的茶杯而感到自豪。

六、不确定性、恐惧和应激会加剧疼痛

现在我们需要将关注点从快乐转移到不安，即激活疼痛矩阵中的某些功能区事实上可能会增加痛苦。正如 ACC 活动减少与疼痛感受减轻相关，研究表明，对疼痛的预期会使 ACC 活动增加，并最终导致疼痛加剧。我们先前注意到，当被催眠的受试者得知刺激不会产生疼痛时，疼痛会有所减轻。而当相同的受试者被告知刺激会产生伤害时，结果则完全不同：他们经历了更严重的疼痛，并伴随 ACC 活动的增加。在另一项研究中，当受试者对于刺激是否会产生疼痛事先并不确定时，他们对非疼痛刺激也表现出了短暂的反应增强，伴随 ACC 和 IC 的活动增加（表 12-1）。这种表现在那些对预期事件有创伤性记忆的患者中尤为明显，这些创伤性记忆存在于杏仁核中，而后者与 ACC 相连。想象一下多数患者在听到口腔科医生使用电钻的声音时会发生什么：这种声音会产生恐惧和应激，最终导致真正开始钻孔时疼痛感加剧。疼痛体验的另一个重要因素是我们的情绪状态，即使在没有实际刺激的情况下，负面情绪也会增强 ACC 和 IC 中的疼痛

诱发活动。

应激也许是不受欢迎的,但它是对可能产生威胁的情况的正常反应,让我们引起注意。当我们面对应激时,大脑中的神经环路被激活以处理应激,而当应激过于强烈时,尤其是当引起应激的原因持续存在时,大脑则不一定能很好地处理,导致大脑功能混乱,继而增加焦虑情绪。临床医生发现,人们在几乎无法控制结局的危急关头会产生更多由应激引起的焦虑,感官增强,难以放松。长时间疼痛显然是一个强烈的应激,持续性或慢性疼痛患者所经历的痛苦会随着他们对疼痛的恐惧以及疼痛在生活质量上带来的应激而加剧。事实上,心理学名词"疼痛灾难化"(pain catastrophizing)概括了许多导致疼痛体验的负面情绪。治疗慢性疼痛的心理学家和精神科医生的共同目标是创造更乐观的治疗前景[4]。

仅仅说应激是疼痛体验的一个重要因素并不能解释这是如何发生的。下丘脑是一种途径,我们已经了解到该功能区的过度激活会导致各种心身性疼痛。此外,研究表明,持续的应激状态会导致细胞因子水平升高,特别是IL-6。从上一章我们知道,IL-6通过躯体感觉系统与炎症性疼痛的产生相关[5]。显然，细胞因子水平的增加可以导致疼痛矩阵中情绪功能区的激活，也与丧亲之痛以及 ACC 和 PFC 活动的增加有关。因此，抑制应激诱导的细胞因子水平升高的药物可能是控制疼痛的有效辅助手段。

我们最近发现，复杂的心理活动决定着我们感受到的疼痛程度。奖励、接受、认知和信念可以减轻疼痛，而应激、恐惧、焦虑和情绪化状态则会加重疼痛。值得注意的是，所有这些影响都受到 IC、PFC 和 ACC 内神经网络的调节，控制疼痛的关键是调控这些神经网络。

七、疼痛的自我调节

疼痛可以通过催眠或安慰剂来缓解，而镇痛效果来自于疼痛矩阵中介导奖励和信念等功能区的协同激活。然而，很少有人能达到镇痛所必需的深度催眠状态，而安慰剂的成功又很大程度上取决于患者和医生之间复杂的沟通。因此，更好的方法是让患者有意识地控制疼痛矩阵中功能区的活动，以缓解疼痛。这种方法的目标是让患者学习如何激活减轻疼痛的通路和功能区，以及如何抑制导致恐惧和焦虑的通路和功能区。实现这两个目标的关键策略是转移注意力。如果专注于疼痛会使疼痛加剧，那么将注意力转移可能会减轻疼痛。下面就让我们来讨论一下注意力的问题。

八、注意力再讨论

大脑拥有强大的计算能力，然而我们处理多项任务的能力却非常有限。通常我们对周围环境有意识，是因为来自视觉、听觉、触觉和其他感觉的神经元将信号传入丘脑，然后传递到整个大脑。然而，我们对每一种感觉的认知都来自于 ACC 的活动。我们感知到声音是因为 ACC 中的神经元捕捉到了这种感觉，然后将其优先于其他感觉。同样地，我们感知到五颜六色的鲜花或触摸到物体也是如此。这就导致了我们可以很快地从一种感觉转移到另一种感觉，却难以同时专注于一种以上的感觉。疼痛理所当然地优先于其他所有感觉，因为它意味着威胁生命的危险。这一认识对

第 12 章　大脑认知调节疼痛觉知

于控制疼痛有重要意义，它表明可以尝试将注意力转向另一种感觉来减轻疼痛。

很多有趣的案例都证明了这种可能。例如，术后患者在听音乐时疼痛得到明显改善，对音乐的感知有效地分散了他们对疼痛的感知。此外，注意力被分散的程度越大，即另一种感觉对我们的吸引力越大，疼痛的缓解就会越明显。例如，欣赏一场美丽的日落就是对疼痛感知强有力的干扰。从生活经验中我们知道，在某些十分专注的情况下，我们可能会忘记所有的感觉。例如，一位教授专注于思考问题，以至于对周围发生的事全然不知。这样看来，如果患者能够将注意力集中在其他地方，疼痛感觉可能会减轻。

为了最好地实施转移注意力的策略，我们需要知道在分散疼痛期间大脑发生了什么[6]。在一项研究中，志愿者被分为两组，且都受到了疼痛的刺激，但一组在刺激期间转移了注意力，另一组则没有。与未转移注意力组相比，转移注意力组的疼痛有所减轻。转移注意力组的大脑影像学检查显示 ACC 中的情绪分区以及 PFC 的活动增加，而丘脑、IC 和 ACC 的认知分区活动减少（表 12-1）。值得注意的是，他们将 ACC

分为两个区域——一个与疼痛有关，另一个与认知有关。另一项研究中，受试者通过观察颜色来转移注意力，结果表明转移注意力可以显著降低热刺激的疼痛程度，同时fMRI显示导水管周围灰质（periaqueductal gray，PAG）的活动显著增加。

我们无法直接比较这两项研究的结果，因为它们的方法和过程都不相同，但两者的结果都表明，转移注意力是缓解疼痛的一种可能方法，并且与疼痛矩阵中的功能区有关。

九、训练改变大脑

虽然从疼痛中转移注意力相对容易，但效果转瞬即逝，疼痛很快就会恢复。然而有证据表明转移注意力的持续时间可以延长，而且可以被随意控制。为了理解这一现象为何存在，我们必须简要讨论一种被称为神经可塑性的重要现象。

我们婴儿期的大脑比成年后拥有更多的神经元、连接和突触，因为随着我们的发育，使用得多的通路和环路会得到加强，而那些不使用的则会减弱或丢失。

第 12 章 大脑认知调节疼痛觉知

增加或减少突触的能力反映了大脑随着经验而不断变化的事实，这解释了为什么幼儿时期的养育环境特别重要。当我们学习打高尔夫球或翻筋斗时，我们会积极引导其中的一些变化。在这些情况下，我们是在强化环路来学习一项技能，我们练习得越多，我们就变得越熟练，环路也就越强化。这些变化可能非常深刻，例如失明后听觉会变得更加敏锐。虽然改变大脑网络的能力会随着年龄的增长而减弱，但老年人仍然能够学习新技能和产生新记忆。

神经可塑性被认为是对外部事件或当下期望结果的反应，那么是否可以通过将思想转向内在来改变大脑环路，通过训练思维来塑造感知，并有意识地激活疼痛矩阵的相应功能区来抑制持续性或慢性疼痛，例如那些与注意力有关的功能区？此外，就像学习打网球一样，是否有可能通过足够的训练来重新建立大脑各区域的联系，从而大大延长疼痛缓解状态持续的时间？本章的剩余部分将建立在已有知识的基础上，来评估这一假设是否可行。

十、认知与慢性疼痛

由于最有效的镇痛药物存在严重不良反应，通过药物治疗慢性疼痛仅取得了很小的成功。另外，镇痛药的开发成本高达数百万美元，而且大多数都需要患者去看医生才能获得处方。目前已经出现了几种旨在控制慢性疼痛的非药物治疗方法。其中，基于认知的治疗（cognitive-based treatment，CBT）策略取得了一定的效果[7]。CBT 的一个核心原则是疼痛受心理因素的影响，可以通过操纵这些心理因素来减轻疼痛。CBT 的实施是多方面的，需要同时学习如何管理情绪、注意力、思想和信念，再加上肢体伸展运动和各种类型的体育锻炼。无论何时，当一种治疗有如此多的组成部分时，操作者引起的变化可能会导致难以准确评估其整体疗效。因此，我们努力明确 CBT 中那些看似最有效但又简单到可以重复传授的操作方法。CBT 的一个主要目标是管理"注意力"和"信念"，越来越多的证据表明，这两者都可以通过专注力来控制。

十一、疼痛与痛苦

如果我们想设计一种有意地减轻疼痛的方法，毫无疑问我们会想要激活 PAG 中的阿片能神经元。我们知道 PFC 和 PAG 之间存在联系，并且安慰剂效应可以利用 PAG 来减轻疼痛。然而，尚未发现存在任何方法可以有意地激活这个特定的途径。痛苦是一种感觉，我们现在知道所有感觉都从丘脑流向 ACC，在那里 PC 与 IC 的相互作用决定了我们关注哪种感觉。来自病变或损伤的传入信号获得最高的优先级，因为它被视为对生存的潜在威胁。

在早期的西方文化中，痛苦被认为是一个难以形容的过程，无法量化，因此不是科学探究的对象。因此直到 20 世纪，疼痛的研究都被交付给哲学和神学领域。随着神经解剖学和神经科学在 20 世纪和 21 世纪的出现，痛苦是由脑内过程产生的逐渐被大多数人接受。尽管 Alcmaeon 早在数千年前就提出了这一点，但大脑的复杂性使得无法通过实验方法来理解痛苦的来源，它在很大程度上交付给了心理学和精神病学等学科。不过随着细胞和分子神经生物学的重大进步以

脑组织与疼痛：神经科学的突破

及实时成像技术开始为脑内疼痛相关功能区提供实时影像记录，上述情况开始发生变化，为新型非药物控制疼痛的可能提供了希望。

十二、脑电波

实际上，可以检测脑电活动来监测情绪状态。当大脑中广泛的神经元阵列以相对同步的方式产生动作电位时，就会出现特定的波，这样就可以通过将电极连接到头皮上来进行检测。脑电波是 1924 年由德国生理学家、精神病学家 Hans Berger 使用由他开发的脑电图（electroencephalogram，EEG）首次检测到的[8]。我们没有讨论这种监测大脑活动的方法，因为它在很大程度上已被信息量更大的成像技术所取代。但脑电波依然是有用的，它能够测量与意识水平相关的活动。通过振荡频率可以区分几种不同的波。α 波的频率最低，并在大脑处于放松状态时出现，如在做白日梦的时候。当 α 波突出时，感觉输入会被最小化，大脑通常不会有有害的想法，焦虑也会显著减少。

正如预期的那样，当我们的大脑故意转移到一个特定的想法上时，就像在开放觉察中发生的那样，α波往往被更高频率的γ波所取代。这些波反映了对来自不同脑区信息的同时处理，并与更高的意识知觉状态有关。当我们的大脑积极学习或处于功能亢奋状态时，γ波占主导地位，不受控制的γ波会引起焦虑。被评估的人确定疼痛的强度是主观的，而α波提供了一个更客观的衡量标准，至少在缓解压力方面，可以用来佐证患者的报告。

十三、实时成像

专注注意的fMRI证实了我们预测的大脑功能区的激活[9]。关注呼吸时大脑皮质的躯体感觉中枢接收鼻和咽喉部位感觉的相应区域被激活。ACC的激活则与意识有关。一个重要的研究是比较了接受过专注训练和没有接受训练的受试者在小腿上施加热痛刺激时获得的脑部扫描结果，发现热刺激会激活C型伤害感受神经元末端的$TRPV_1$受体。

正如预期的那样，未接受专注训练组的图像显示中央后回（postcentral gyrus，PCG）对应小腿区域的躯体感觉皮质和其他参与处理伤害性影响的疼痛神经矩阵功能区的活动增加（表 12-2），因而他们照常经历痛苦。而接受训练组的受试者 PCG 对应小腿区域的躯体感觉皮质以及丘脑、杏仁核和 PAG 的活动减少。可见，专注力似乎可以阻断丘脑水平的伤害感受通路，从而减轻疼痛。此外，成像结果还显示接受训练组 PFC 中神经元的活动增加。

表 12-2　疼痛矩阵中各功能区活动对伤害、安慰剂的反应变化

	伤　害	安慰剂
PCG	增加	减少
丘脑	增加	减少
ACC	增加	减少
IC	增加	减少
PFC	增加	增加
PAG	增加 [a]	增加
杏仁核	增加 [b]	减少
伏隔核		增加

详情见正文
a. 极度伤害或应激后；b. 涉及恐惧时

第 12 章　大脑认知调节疼痛觉知

表 12-2 显示了接受训练者和安慰剂患者之间大脑各功能区反应的相似和不同之处，令人欣慰的是，大多数变化可以通过我们对疼痛矩阵功能区相应功能的了解来解释。所以安慰剂患者的 IC 和 ACC 活动均有所下降。IC-ACC 网络中的活动对于疼痛的表达至关重要，慢性疼痛患者的影像学研究显示 IC 和 ACC 的活动增强，这就解释了为什么安慰剂可以减轻疼痛。另外，接受专注训练组的 ACC 活动增加是意料之中的，因为他们专注于由 PFC 活动增加所产生的认知。PFC 中的环路是活跃的，因为它们正在评估大脑的想法，即来自大脑皮质其他区域的信号。安慰剂组 PFC 的活动也有所增加，此外，两组受试者都表现出杏仁核活动减少，说明恐惧减少。这与慢性疼痛患者的图像显示杏仁核活动增加形成鲜明的对比。可见，我们对疼痛矩阵中功能区的了解与安慰剂引起的疼痛减少之间存在很好的对应关系。

在比较中真正出乎意料的一个发现是接受训练组 PAG 的活动减少，而安慰剂组表现为活动增加（表 12-2）[10]，说明专注力是通过不涉及阿片系统的途径来减少疼痛感受的。这种区别得到了另外一些研究的支持，这些研究表明纳洛酮并不会削弱专注力对疼痛的缓解作用，但对安慰剂有影响（上一章提到）。因此，我们可以得出结论，安慰剂和专注通过疼痛矩阵的不同功能区来缓解疼痛。

综上所述，这些发现证明了基于疼痛缓解所涉及的神经机制与对疼痛矩阵中涉及意识和疼痛认知功能区的控制是一致的。专注和安慰剂效应都能够减轻疼痛，但影响了疼痛矩阵中不同功能区的活动。因此，疼痛不只是在大脑中的一个位置进行调节，而是在矩阵中的多个功能区进行调节。

十四、自我调节疼痛

我们意识到损伤是通过丘脑和 ACC 之间的联系，但疼痛感觉是由 ACC 的传入强加的。从安慰剂的结果来看，最重要的是 IC 和 ACC 之间的联系。但是请记住，IC 接收来自 PFC 和皮质其他区域的传入，这些传入可以基于信念、认知等来减轻痛苦。那么如何不通过依赖安慰剂直接激活皮质的这些区域呢？一种方法是使用反馈系统来指导患者学习如何控制特定的生理

第12章 大脑认知调节疼痛觉知

或行为结果。生物反馈培训课程可以帮助患者学习如何调节他们的心跳和其他自主神经功能，这一成功促成了神经反馈项目的发展。这种方法通过指导患者如何自我调节大脑功能，从而调节大脑中与疼痛感受相关区域的电活动。其中一门课程使用EEG来监测规定活动期间的脑电波。事实证明，可以通过有意地模拟激活α波的心理过程来训练受试者进入这种放松状态。这在减轻疼痛方面取得了一些成功。

负责EEG节律的神经机制很广泛，因此在疼痛矩阵内跨越了多个功能区。选择性地仅针对与疼痛有关的功能区可能更有用。斯坦福大学和哈佛大学的科学家取得了非常可喜的结果[11]。他们将ACC定位为疼痛系统的重要组成部分，并使用实时fMRI指导一组受试者如何有意地上调和下调ACC中神经元的活动。训练中有一个认知内容，即受试者被告知他们将尝试交替增加和减少目标脑区的激活，并且fMRI将提供实时反馈。换句话说，受试者被激励去实现一个目标。能够成功调节ACC活动的受试者随后被给予有害的局部热刺激。当被要求评估疼痛时，受试者表示，当他们故意增加ACC的活动时疼痛会增加，而当他们减少ACC

的活动时疼痛会减轻。这一惊人的结果对控制疼痛具有明显的意义。此外，研究结果还直接证明了 ACC 调节痛苦的程度。其他三组用于控制安慰剂和非特异性效应。

随后又对一小群慢性疼痛患者进行了同样的实验，同样使用 fMRI 提供反馈，对患者进行训练以控制 ACC 的活动。与上述受试者不同，患者后续没有接受有害热刺激，而是被要求评估他们本身的慢性疼痛。结果同样显示，当患者故意减少 ACC 的活动时，他们的疼痛程度显著降低。尽管还需要进行更多大样本量的研究，但上述这些结果表明个体可以自发控制特定脑区的激活，并且对 ACC 的控制足以影响临床慢性疼痛。一个有趣的实际问题是需要确定患者能够控制 ACC 和疼痛多长时间。换句话说，训练是否会导致大脑的重组，就像我们通过训练来进行特定的体育活动时那样？

我们首先证明了疼痛矩阵中功能区的活动是造成疼痛感受的原因。躯体感觉功能区发送的信号提供对损伤或炎症的感知，但疼痛的最终程度取决于疼痛矩阵的情绪和认知功能区。情绪系统基于经验和奖励（涉及信念和价值）来影响恐惧，而认知系统基于认知和记忆来控制结果。这是关于疼痛如何产生的基于科学和可能机制的观点。缓解疼痛的一种与众不同的方法是使用意念来控制痛苦，如基于认知的疗法。现阶段我们的目标是利用我们所学到的知识来开启疼痛管理的一个新的、充满希望的时代，这将在最后一章进行讨论。

注 释

[1] R. Staud, "Brain Imaging in Fibromyalgia Syndrome," Clinical and Experimental Rheumatology 29, suppl. 69 (2011): S109-S117. See also D. L. Morton, S. Sandhu, and A. K. P. Jones, "Brain Imaging of Pain: State of the Art," *Journal of Pain Research* 9 (2016): 613-624.

[2] Freud 更新了他假设本我、自我和超我在控制行为中的作用的理论。有兴趣进一步了解 Freud 及其对疼痛的看法的读者可以在网上搜索到许多优秀的出版物。

[3] J. E. Sarno, *The Mindbody Prescription: Healing the Body, Healing the Pain* (New York: Grand Central Publishing, 1999). 这本有影响力的书提出了慢性疼痛主要是由压抑的情绪所引起的基本原理。腰痛专家 Sarno 假设慢性疼痛是由于紧张性肌炎综合征引起的，即意识通过自主神经系统引起局部小动脉的轻微收缩，从而导致局部缺血（血供减少）和疼痛。然而，血管收缩往往在没有疼痛的情况下发生，并且没有证据支持大脑对自主神经系统具有如此精细的

控制作用，来引起特定器官或结构中血管的局部收缩。

[4] A. Lazaridou et al., "The Impact of Anxiety and Catastrophizing on Interleukin-6 Responses to Acute Painful Stress," *Journal of Pain Research* 11 (2018): 637-647. See also J. A. Sturgeon, "Psychological Therapies for the Management of Chronic Pain," *Psychology Research and Behavior Management* 7 (2014): 115-124.

[5] J. C. Felger, "Imaging the Role of Inflammation in Mood and Anxietyrelated Disorders," *Current Neuropharmacology* 16 (2018): 533-558.

[6] J. L. Bantick et al., "Imaging How Attention Modulates Pain in Humans Using Functional MRI," *Brain* 128 (2002): 310-319.

[7] L. M. McCracken and K. E. Vowles, "Acceptance and Commitment Therapy and Mindfulness for Chronic Pain," *American Psychologist* 69 (2014): 178-187.

[8] L. F. Haas, "Hans Berger (1873–1941), Richard Caton (1842–1926), and Electroencephalography," *Journal of Neurology, Neurosurgery & Psychiatry* 74 (2003): 9.

[9] F. Zeidan et al., "Brain Mechanisms Supporting the Modulation of Pain by Mindfulness Meditation," *Journal of Neuroscience* 31, no. 14 (2011): 5540-5548.

[10] F. Zeidan et al., "Mindfulness-Meditation-Based Pain Relief Is Not Mediated by Endogenous Opioids," *Journal of Neuroscience* 36 (2016): 3391-3397.

[11] R. C. deCharms et al., "Control over Brain Activation and Pain Learned by Using Real-time Functional MRI," *Proceedings of the National Academy of Sciences of the United States of America* 102 (2005): 18628-18631.

第 13 章 疼痛治疗的现状和未来

闻 蓓 译 申 乐 校

鉴于已经从很多角度讨论了疼痛及随之而来的痛苦体验,我们的下一个目标是无论何时都能利用所获得的知识来做出明智的决定以最有效地治疗疼痛。主要目的是减轻所有形式的慢性疼痛,并将难以控制的疼痛改善至可控制的水平,以提高患者的生活质量。虽然我们主要关注躯体感觉系统中参与感知疼痛的酶、受体和离子通道,但是对于其他因素的继续研究同样非常重要,因为这可以为制药行业提供开发新型镇痛药物的靶点。在随后的章节中,我们了解到疼痛不仅仅是机体对外部世界的一种感知,更是一种非常复杂的感觉,其调控方式在 50 年前看来是不可思议的。因此,我们介绍了从大脑到脊髓的疼痛下行调控通路,它可以通过释放阿片类物质和神经递质来调节疼痛。

更重要的一点是意识到疼痛实际上是主观的，我们在描绘疼痛时会受到脑内各个独立的结构组成的疼痛调控网络的影响，而躯体感觉系统只是其组成部分之一。这一观点极大地拓宽了我们对疼痛的看法，并首次解释了丧亲之痛和其他心因性疼痛，其原因是这些组分可以调控人对疼痛的体验。最重要的是，有研究表明，可以通过操纵疼痛调控网络的组成部分来控制疼痛。因此，可能有两种处理疼痛的方法：一种源于药理学，另一种基于心理学。在疼痛治疗的过程中我们必须充分考虑每一种方法的优缺点。

一、疼痛治疗的现状

药物治疗

1. 使阿片类药物更加安全

尽管第9章已经阐述了在药物研发过程中遇到的挑战、困惑以及选择更好治疗靶点的需求，现在仍需对疼痛的药物治疗进行讨论。几个世纪以来，人们都知道阿片类药物是一种有效的镇痛药，吗啡和羟考酮等阿片类衍生物是目前治疗顽固性疼痛的主要药物，

第13章 疼痛治疗的现状和未来

而且在未来很长一段时间可能继续如此。阿片类药物可以非常有效地治疗多种慢性疼痛，且其口服制剂和注射剂都是非常方便且便宜的。阿片类药物的缺点在于存在发生严重不良反应的风险。实际上，控制阿片类药物的极端不良反应将极大地增加阿片类药物的使用。现有证据表明,阿片类药物最大的隐患是药物成瘾，其带来的快感超过了患者对其不良后果的顾虑并增强了患者继续服用的动机。这一成瘾过程由奖赏系统的异常激活引起，因此，阻断伏隔核奖赏相关神经元的激活成为药物开发的一个途径。这需要完成一个非常困难但并非不可能完成的任务，即识别激活奖赏神经元的关键分子。

一个较理想的方法是从"耐受性"着手。耐受性是由于大脑中化学物质的改变，使得需要更大剂量的阿片类药物才能达到预期的镇痛水平。阿片类药物通过与脊髓中的受体结合来模拟内啡肽（阿片类物质）的作用。由于这些受体也存在于呼吸系统和大脑中，随着阿片类药物剂量的增加，其不良反应的严重程度也随之增加，最严重时会造成呼吸窘迫。大剂量阿片类药物也增加了对药物的依赖性和戒断症状的严重程度。最终的累加效应是对药物的渴望和药物成瘾。因此，在消除阿片类药物耐受性的同时应保留其镇痛特性，并减轻其他的不良反应。幸运的是，人们正在努力确定参与耐受性形成的分子，一旦成功，将会成为疼痛治疗史上的一个巨大进步。

应激镇痛可以极大地缓解疼痛，这一现象是因为极其严重的伤害激活了通往中脑导水管周围灰质（periaqueductal gray，PAG）中阿片能神经元的伤害感受性通路旁路。一级和二级 C 型伤害感受神经元的突触末梢释放的阿片类物质可以抑制机体对疼痛的感知以及由损伤带来的痛苦体验。阿片类药物缓解疼痛的能力可以说明下行调控系统的镇痛作用是非常明显的。这些下行调控系统也可以释放 γ-氨基丁酸（gamma-amino-butyric acid，γ-GABA）、5-羟色胺和去甲肾上腺素。目前针对这些神经递质的药物主要是为治疗其他疾病开发的，但是有些药物，如地西泮、普瑞巴林（Lyrica）、再吸收抑制药百忧解（Prozac）和瑞波西汀（Reboxetine），可以通过减轻抑郁和焦虑来降低疼痛的严重程度。加巴喷丁可以阻断电压门控钙离子通道，已被批准用于治疗带状疱疹和糖尿病神经病变。

第13章 疼痛治疗的现状和未来

以上提到的所有药物都应成为慢性疼痛治疗过程中的重要辅助治疗。

2. 大麻

从其他角度来看，阿片类药物的使用实际上阻碍了人们寻找其他有效的镇痛药物。然而，随着人们对于大麻是否可作为镇痛药物的兴趣日益浓厚，这一情况可能会发生改变。科学家们已经发现了大麻素 CB_1 受体 CB_2 受体系统的镇痛作用。正如第 9 章讨论的那样，CB_1 受体分布在整个大脑，与许多 THC 引起的非必要心理反应有关。因此，该系统似乎没有进一步发展的前景。CB_2 受体则可以通过在外周抑制免疫细胞激活并引起 $TRPV_1$ 通道脱敏来发挥镇痛作用。我们知道很多类型的慢性疼痛都有炎性成分的参与，靶向 CB_2 受体系统的镇痛药物已被证明可以有效缓解炎症性疼痛和神经病理性疼痛。然而，大麻中最有希望缓解疼痛的成分是大麻二酚（cannabidiol，CBD）。CBD 可以通过多种途径阻止伤害性信息的传递，其中一些途径是 CBD 所独有的。CBD 在发挥镇痛作用的同时不会引起严重的并发症，含有 CBD 的药物已经上市并用于治疗慢性神经病理性疼痛。尚需更多的研究来阐明CB_2受体系统和CBD是如何缓解疼痛的。我们坚信，随着更深入机制的阐明，会出现更多药物研发的新靶点。然而，在此之前，医用大麻只是疼痛治疗中的有效辅助用药。

3. 躯体感觉系统：疼痛治疗新靶点

我们已经讨论了参与慢性疼痛诱发痛和痛觉过敏的关键分子。不幸的是，针对其中比较有希望的靶点（如$TRPV_1$受体通道和NMDA受体）研发的镇痛药物均因为存在严重的不良反应而以失败告终。很多不良反应的出现是由于口服片剂或静脉注射会使药物分布到全身，从而影响其他器官中这些靶点的作用。一个问题是可用性，美沙酮是最有效的NMDA受体抑制药，但它在体内的滞留时间很长，因此具有足够的时间对其他器官造成损害，使得其可用性受到了限制。可以通过直接将药物递送到靶点来解决此问题，这也成为疼痛药物研发的热点之一。另一个非常重要的问题是药物的选择性。$NaV_{1.7}$、$NaV_{1.8}$和$NaV_{1.9}$通道主要分布于C型伤害感受神经元，在慢性炎症性疼痛中发挥着一定的作用，且阻断它们的活动对于神经病理性疼痛应该是非常有效的，因而有希望成为新的治疗慢性

第 13 章 疼痛治疗的现状和未来

疼痛的靶点[1]。问题在于阻断这些通道的药物必须具有非常高的选择性,一旦作用于其他地方的钠离子通道将干扰许多其他类型神经元动作电位的产生。药物的特异性对于药物研发尤其是镇痛药物研发来说是非常关键的问题[2]。基于治疗靶点详细结构信息来改进药物设计可以通过结构上各种形式的区别来克服这一问题。

较为明显的治疗靶标是致炎物质,它们可以持续很长一段时间,并且通常出现在某些形式的慢性疼痛之前。一些镇痛药物可以阻断炎症级联反应中的成分,如 Cox 抑制药可以阻断激活痛觉神经元末梢致炎物质的合成。IL-6 会导致焦虑,从而增强疼痛,Roche 药物公司的 Actemra 可以阻断 IL-6 的合成,对于疼痛的治疗应该是有所裨益的。

慢性疼痛与其他形式疼痛的主要区别在于它的持续时间。因此,阻断痛觉传导通路中的某些成分以阻止急性疼痛向慢性疼痛转变是一种合理的预防慢性疼痛的方法。这里的重点在于两个参与延长疼痛持续时间的事件:长时程增强作用(late phase of long-term potentiation,LTP)和长时程过度兴奋(long-term hyperexcitability，LTH）的后期。LTP 通过敏化二级伤害感受神经元的突触后末梢来延长疼痛持续时间。敏感性的增加也即触诱发痛，意味着即使一级伤害感受神经元因损伤部位（或其他地方）轻微碰触产生比较少的动作电位也会在二级神经元中产生多个可以传递到大脑的动作电位。选择性地阻断 LTP 可以降低疼痛的敏感性，但应保证正常传导功能的完整性。正如在前面章节中详细讨论的那样，我们已经对产生 LTP 的分子机制有了一个比较好的了解并且已经讨论了 NMDA 受体通道和一些其他感兴趣的化合物。但是，产生 LTP 的突触位于脊髓，受血脑屏障保护，因而如何对 LTP 进行干预是疼痛治疗的一个难点。除此之外，LTP 的后期可能造成持续性疼痛，但却不至于导致慢性疼痛。因此，疼痛治疗的关注点转向了与几种慢性疼痛相关的 LTH。

LTH 是一种表型变化的结果，它可能会无限期地持续下去，并延长晚期 LTP 的持续时间[3]。LTH 的发生依赖于外周神经节中 C 型伤害感受神经元胞体内发生的反应。这些神经元不受血脑屏障的保护，直接进入循环系统的药物可以对它们起到一定的作用。研究表明，蛋白激酶G（protein kinase，PKG）的活化是LTH出现的一个重要因素，已经合成了一种可以有效缓解动物模型中各种形式慢性疼痛的选择性PKG抑制药[4]。值得注意的是，该抑制药是通过使用PKG活性位点的计算机模型来指导开发并合理设计合成的。只需要合成150个化合物就可以筛选出一个非常有效的高选择性PKG抑制药。这种方法与典型的药理学方法相去甚远，后者需付出巨大的代价来合成数千种潜在的药物再进行筛选。这种抑制药虽有前景，但尚处于研发阶段，还需克服许多障碍才能进入临床试验阶段。

PKG会启动导致兴奋性增加的一系列事件，这些事件中的任何一个都可能成为治疗疼痛的靶点。LTH持续多久尚不清楚，从LTH结束到疼痛不再依赖外界伤害性刺激之间可能存在一个比较短暂的窗口期。在疼痛由急性期转向慢性期之前使用药物阻断LTH可以有效治疗纤维肌痛和神经病理性疼痛。

一个比较有前景的治疗靶点是神经生长因子（nerve growth factor，NGF）。在炎症和周围神经损伤的临床前模型中，NGF的水平均较高，并且在慢性疼痛如间质性膀胱炎、前列腺炎、关节炎、慢性头痛、癌痛和某些形式的神经病变中，NGF 的浓度也会增加[5]。我们已经讨论了 NGF 在疼痛的启动和维持阶段发挥重要作用的两个原因：第一，NGF 与外周神经末梢的其他成分协同作用以启动动作电位；第二，在神经损伤后 NGF 可以逆行转运到胞体并促进重要蛋白质（如钠离子通道）的合成。美国 Pfizer 公司已经开发了一种新型的 NGF 抑制药（Tanezumab）用于治疗骨关节炎引起的疼痛[6]。在临床试验中，Tanezumab 与安慰剂相比成功地缓解了疼痛，但是其不良反应却难以耐受[7]。该公司仍在继续开发 NGF 抑制药，相关进展已在网上公布。

随着对慢性疼痛分子机制研究的继续，将会有更多的靶点被发现，因此，仍有希望研发出一种非成瘾性的慢性疼痛治疗药物。此外，越来越多的证据表明非药理学方法也可以有效缓解疼痛。

在疼痛治疗中，最主要的问题是疼痛的原因除生理性因素外还有精神心理因素，因此即使是阿片类药物也无法有效缓解所有形式的慢性疼痛。这意味着抑制躯体感觉系统中的一种酶、离子通道或受体并不能减轻所有形式的慢性疼痛。然而，由于所有的疼痛都是由痛觉传导通路某些结构中的神经元活动引起的，因此在疼痛形成后抑制这些神经元的活动仍可阻断多数慢性疼痛。但某些形式的慢性疼痛，如丧亲之痛，是不依赖于任何外部刺激而延续的。神经科学家才刚刚开始对参与疼痛的分子成分进行描述，但这些工作并不是必需的，因为我们不必以特定的分子为目标。换句话说，应该可以通过调节疼痛传导通路中某些成分的功能来减轻疼痛的体验。

4. 基于认知的治疗方法：正念疗法

我们已经讨论了可以通过控制疼痛传导通路中某些模块的活动来减轻疼痛的信念、认知和奖赏，并且强调了意念在此过程中的重要性。从本质上说，我们可以通过催眠、安慰剂或冥想来学习有意识地转移大脑对疼痛的注意力。催眠的缺点是只有一小部分人能达到缓解疼痛所需的深度催眠状态。安慰剂的适用范围更大，但治疗结果取决于双方相互信任，故而通常需要长期的医患关系。目前，以正念疗法为基础的冥想是治疗慢性疼痛最好的非药物疗法，因为它能使更多的患者受益，且风险和成本均较低，但需经过特定的培训才能使用。

有两种可以缓解疼痛的正念状态，但每一种状态的使用都需要经过专业人士的指导。第一种正念状态是门槛最低的聚焦冥想，进入这种状态是相对比较容易的，一旦掌握，不需太多准备就可进入这种状态。这种状态可以让人平静下来，从两个方面减轻疼痛。第一，它减少了由于杏仁核激活而产生的各种形式的恐惧，因为影像学研究表明，杏仁核功能的活跃与慢性纤维肌痛症的疼痛有关。这一点是很容易理解的，纤维肌痛症的疼痛不是持续性的，而是出乎意料地"突然发作"，患者会对即将发作的疼痛感到恐惧，克服这种恐惧也能改善患者的心情和生活质量。第二，炎症因子的存在会加剧疼痛，集中注意力会减少应激引起的炎症因子合成。对某些疼痛患者来说耐心地学习如何有效冥想是困难的，而通过使用生物反馈来增加与放松状态直接相关的α波产生可以减少训练所需的时间。

第二种正念状态是开放冥想，目的是达到一种专注的状态，在这种状态下，可以有意地将注意力从疼痛转移到别的地方。数千年的民间实践已经为正念疗法可以缓解疼痛提供了依据。这些说法现在已经被

第13章　疼痛治疗的现状和未来

证实，我们可以合理肯定地说，熟练使用正念疗法可以通过调节疼痛传导通路中某些成分的活动来减轻疼痛。正念疗法还可以通过调控 ACC 等疼痛传导通路的核心部分减轻生理性和心理性疼痛。正念疗法的主要障碍在于达到一定水平所需要的时间、耐心和奉献。在未来，也许可以通过科学技术的发展来克服这一障碍。

二、疼痛治疗的未来

（一）电子感应镇痛

正念疗法的本质是学习如何自主调节大脑特定区域的功能。有人可能会问：既然正念冥想可以缓解疼痛，那么为什么还要研究疼痛通路中每个组分的功能呢？答案是显而易见的，一旦我们明确每个部分的功能，即使不依赖于冥想也可以调控它们的活性。

我们已经讲述了冥想可以改变疼痛通路中某些成分的功能，但忽略了一个事实，通过冥想最终被操纵的是这些组分中神经元的活动，这种活动实际上是动作电位和突触传递的一种表现。因此，我们可以设计一些方法来从外部调节这些神经元的活动以省略不必要的培训。一种方法是使用脑深部电刺激（deep brain stimulation，DBS），通过向大脑中植入电极来调节特定区域神经元的兴奋性。DBS 已经使用了几十年，结果好坏参半[8]。早期的一项研究表明，刺激中脑导水管周围灰质（periaqueductal gray，PAG）可以缓解一些患者的疼痛，但对其他患者没有作用。刺激前额皮质（prefrontal cortex，PFC）也仅可缓解一部分患者的疼痛。这些早期研究之所以失败可能是因为电极的位置放置不精确，没有刺激到正确的神经元。用 DBS 治疗患丘脑综合征的卒中患者的研究在某种程度上更为成功。患丘脑综合征时丘脑受损会导致神经病理性疼痛，许多患者表现为触诱发痛，即轻微触摸就可以引发疼痛[9]。疼痛的发生意味着丘脑综合征进入一种比较糟糕的状态，此时患者丘脑中的神经元开始自发活动，并且这种中枢性疼痛是非常难治的。丘脑 DBS 对一些患者来说可以实现长达一年的疼痛缓解。最近使用 DBS 的研究在缓解一些慢性疾病的疼痛方面更为成功，其中最明显的是周围神经病变。

1963 年，在西班牙，一名男子拿着一个小盒子

第13章 疼痛治疗的现状和未来

进入了斗牛场。公牛发现他后立即冲了过来，但当公牛靠近他时，男子按下了箱子上的按钮，公牛立即停下来，平静地走开了。这名男子就是生理学家 José Manuel Rodríguez Delgado，他当时证明了可以通过刺激公牛大脑内植入的电极来控制公牛的行为。这一壮举受到了全世界的追捧，却被科学家批评为是一个纯粹的噱头。但这是多么伟大的一个壮举啊！Delgado 是耶鲁大学的教授，在 20 世纪中期，他展示了电是如何引起动物及人类的愤怒、焦虑、愉悦、困倦和不自主运动的[10]。他对人类的研究遭到了有些人的反对，他们认为通过刺激大脑区域来让研究对象做出简单而违背个人意愿的动作是不道德的。由于这些批评占据了主导地位，Delgado 关于刺激大脑改变行为的研究也被迫叫停。尽管如此，他的实验和研究确实为深部脑刺激调节大脑神经元的活动提供了清晰的"概念验证"。

现如今在大脑和外部电子设备之间的接口设计方面已经有了显著的改进。例如，在瘫痪患者大脑运动区域植入的电极可以让患者通过自主控制开关来控制运动。关于金属丝微型化的进展也非常重要，因为金属丝越细，对脑组织造成的损害就越小。大脑成像的分辨率在不断提高，布罗德曼大脑皮质分区图中的很多区域被进一步划分成更小的区域并具有更具体的功能。这种程度的细分意味着电极可以被更精确地放在大脑皮质中的某一区域以实现不影响其他区域的同时仅对参与疼痛的神经元进行调控。最后，已有大规模的全球项目致力于明确大脑中所有脑区之间的联系，这将进一步增加我们对疼痛传导通路中各个成分如何相互作用以及如何与大脑中神经元相互作用的理解。

（二）光镇痛：光遗传学

人们已经发明了神奇的光遗传学方法，使用基因工程技术在神经元上表达光敏感蛋白（视蛋白）后，利用光束即可操纵大脑神经元的活动[11]。视蛋白是自然存在的蛋白，每一种视蛋白都可以被一束特定的窄谱光束激活（图13-1）。一些视蛋白是光控的离子通道，当神经元受到特定频率的光照射时，这些离子通道就会开放或关闭。另一些则被设计为调控特定的细胞内信号通路。通过基因工程技术可以在神经元上

第13章 疼痛治疗的现状和未来

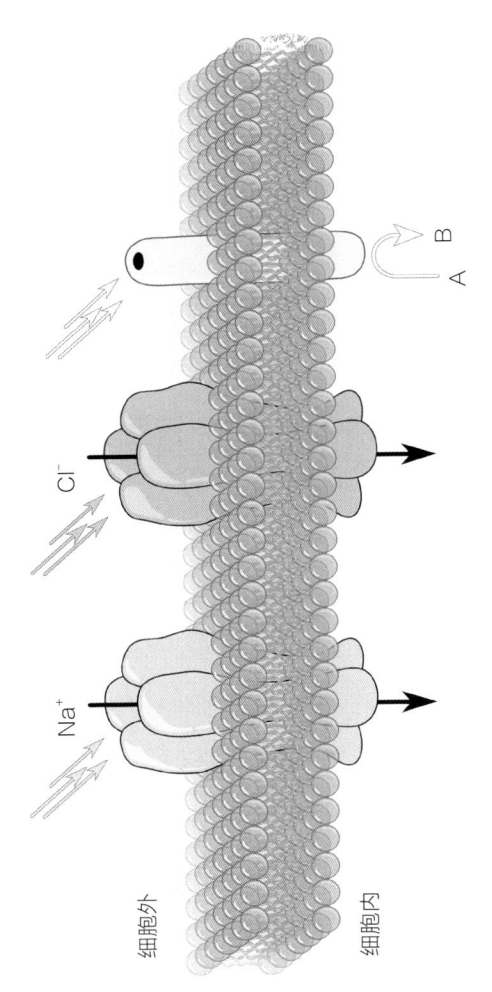

图13-1 3种视蛋白插入神经元细胞膜的示意图

左边2种视蛋白是光控离子通道，受到特定波长光刺激时离子通道开放。最右边的视蛋白激活后会活化神经元内一系列酶级联反应。将多种视蛋白插入到一个亚型的神经元细胞膜上可以迅速控制它们的电活动和酶活性

257

表达多种视蛋白,因此利用光束激活不同的视蛋白可以实现对神经元电生理特性的选择性调节。这简直太神奇了!

典型的例子是激活插入细胞膜上的钠离子通道会引发动作电位,而激活氯离子通道则会减少动作电位的产生。

可以通过携带视蛋白基因的病毒载体将视蛋白表达在不同的神经元亚群中。这些病毒载体被注射到感兴趣的脑区后会被神经元摄入,摄入这些载体的神经元表达特定的视蛋白,其后就可以通过向该区域插入非常细的光纤(直径 200μm)来传输光束以控制这些神经元的活动。由于激光传输的光谱很窄,因此可以有选择地单独控制每种视蛋白的活动,这样仅通过传输适当频率的光就可以调节一组特定神经元的活动。光遗传学技术正在彻底改变神经科学领域,并已成功应用于情绪障碍、成瘾和阿尔茨海默症等疾病背后神经环路的研究。尽管仍有很多困难需要克服,光遗传学仍然优于 DBS,因为它的创伤更小,并且可以在时间和空间上对目标神经元的活动提供更精确的调控。因此,光遗传学在疼痛治疗中将会得到更多的应用。

（三）疼痛传导通路中的靶点

疼痛传导通路中的哪个组分是调节疼痛的最佳靶点？目前有两个候选部位：PAG 和 ACC。刺激 PAG 会引起内源性阿片肽和血清素的释放，进而阻断机体伤害性信息的传导。这可以解释安慰剂效应和应激性镇痛，但对心因性疼痛无效。相反，有充分的证据表明 ACC 可以调节各种类型的疼痛。ACC 中的神经元参与意识和疼痛，在催眠和安慰剂诱导的镇痛作用中这些神经元活性降低，而在压力、焦虑或预期发生严重疼痛时被激活。还记得那个做过额叶切除术后知道自己的手被严重烧伤却毫不在意的患者吗？研究表明，对于那些无法通过其他治疗获得缓解的慢性疼痛患者，可以通过手术切除 ACC 来实现相似的感觉—意识分离。值得注意的是，这些患者对疼痛的存在毫不在意，重复出了来自额叶切除术患者的反应。这一发现非常重要，因为它表明切除 ACC 并没有妨碍患者认识到他们受伤这一事实。ACC 切除术的手术范围非常大，并具有相当大的风险。作为替代方案，牛津大学的一个研究团队发现，对双侧 ACC 进行 DBS 能有效缓解各种疼痛[12]。随着研究的进展，肯定会发现其他重要的疼痛环路，但目前的证据支持 ACC 是疼痛调控过程的核心组分，它既可以通过躯体感觉系统调控外源性疼痛，又可以通过改善心理状态来控制心因性疼痛。在前一章讨论的研究中，患者可以通过训练来有意减少前扣带皮质的活动以减轻他们的疼痛。

基于在这本书中所讲的内容，我们设想在未来患者可以通过植入电极，或者用特定波长的光照射来调节 ACC（或其他区域）神经元的活动进而减轻疼痛；对于疼痛的治疗有非常多的可能性，所有这些可能性都来源于对疼痛传导通路中不同组分作用的研究。

注　释

[1] S. R. Levinson, S. Luo, and M. A. Henry, "The Role of Sodium Channels in Chronic Pain", *Muscle & Nerve* 46 (2012): 155-165.

[2] 关于镇痛药开发目标的讨论，我们推荐 A. S. Yekkirala, et al., "Breaking Barriers to Novel Analgesic Drug Development", *Nature Reviews Drug Discovery* 16 (2017): 545-564.

[3] Y.-J. Sung and R. T. Ambron, "Pathways That Elicit Long-Term Changes in Gene Expression in Nociceptive Neurons Following Nerve

Injury: Contributions to Neuropathic Pain", *Neurological Research* 26 (2004): 195-203.

[4] 该工作由哥伦比亚大学医学系和纽约 Schrodınger 公司的 Ramy Farad 和 Jeremy Greenwood 共同合作完成。请参阅 Y.-J. Sung, et al., "A Novel Inhibitor of Active Protein Kinase G Attenuates Chronic Inflammatory and Osteoarthritic Pain", Pain 158 (2020): 822-832.

[5] L. Aloe, et al., "Nerve Growth Factor: From the Early Discoveries to the Potential Clinical Use", *Journal of Translational Medicine* 10 (2012): 239-254.

[6] 除了依赖于合成小分子作为镇痛药的传统方法外，许多制药公司还在使用识别靶标特定区域的单抗。以 "mab" 结尾的药物是一种单抗。

[7] M. K. Patel, A. D. Kaye, and R. D. Urman, "Tanezumab: Therapy Targeting Nerve Growth Factor in Pain Pathogenesis", *Journal of Anaesthesiology Clinical Pharmacology* 34 (2018): 111-116.

[8] S. M. Farrell, A. Green, and T. Aziz, "The Current State of Deep Brain Stimulation for Chronic Pain and Its Context in Other Forms of Neuromodulation", *Brain Sciences* 8 (2018): 158-177.

[9] DeJerine-Roussy，或者称丘脑疼痛综合征，是卒中后出现的一种情况，损害了丘脑的神经元。它的特点是有异常的感觉（如刺痛），以及非常难以治疗的严重的痛觉超敏。

[10] J. M. R. Delgado, Physical Control of the Mind: Toward a Psychocivilized Society (New York: Harper and Row, 1969) and J. M. R. Delgado, "Free Behavior and Brain Stimulation", *International Review of Neurobiology* 6 (1964): 349-449.

[11] 本文提供了一个相对简短的讨论，将光遗传学作为一种潜在的方法

来控制疼痛。想要获取更全面的信息，参见 A. Guru, et al., "Making Sense of Optogenetics", *International Journal of Neuropsychopharmacology*: 1-8 (2015).

[12] S. G. Boccard, et al., "Deep Brain Stimulation of the Anterior Cingulate Cortex: Targeting the Affective Component of Chronic Pain", *Neuroreport* 25, no. 2 (2014): 83-88.